L'UNIVERS A-T-IL ÉTÉ CRÉÉ ?

OU

QUE SOMMES-NOUS ?

EXPOSÉ POPULAIRE

Sur la Matière et la Force, la Vie et la Mort, les Plantes, les Animaux et l'Homme

PAR

L. GUILLAUME

PARIS

E. DENTU, EDITEUR

LIBRAIRE DE LA SOCIÉTÉ DES GENS DE LETTRES

3, PLACE DE VALOIS — PALAIS-ROYAL

1888

PUBLICATIONS RÉCENTES DE LA LIBRAIRIE E. DENTU

AUGUSTE BARBIER

Iambes et Poèmes. 1 v. 3 50
Etudes dramatiques. 1 v. 3 50

ADOLPHE BELOT

Adulter. 1 vol. 3 50
Alphonsine. 1 vol. 3 50
Une Affolée d'amour. 1 v. 3 50
L'Article 47. 1 vol. 3 50
La Bouche de Mme X. 1 vol. 3 50
Le Chantage. 1 vol. 3 50
Courtisane. 1 vol. 3 50
Les Cravates blanches. 1 vol. 3 50
La Femme de feu. 1 v. 3 50
La Femme de glace. 1 vol. 3 50
Mlle Giraud ma femme. 1 vol. 3 50

ÉMILE BERGERAT

Vie et Aventures de Caliban. 1 vol. 3 50
Ours et Fours. 2 vol. 10 »

CLAUDE BERNARD

Arthur de Bretagne. 1 v. 5 »

H. DE BORNIER

Comment on devient belle. 1 vol. 3 50
Le Jeu des Vertus. 1 v. 3 50
La Lizardière. 1 vol. 3 50

CHAMPFLEURY

La Comédie de l'Apôtre. 1 vol. 3 50
Histoire de la Caricature. 5 v., chaque v. 5 »
Histoire de l'Imagerie populaire. 1 vol. 5 »

LÉON CLADEL

Héros et Pantins. 1 vol. 3 50
Effigies d'inconnus. 1 v. 3 50

JULES CLARETIE

Les Amours d'un Interne. 1 vol. 3 50
Jean Mornas. 1 vol. 3 50
Journées de Vacances. 1 vol. 3 50
La Maîtresse. 1 vol. 3 50
Le Million. 1 vol. 3 50
Monsieur le Ministre. 1 v. 3 50
Noris. 1 vol. 3 50
Le Prince Zilah. 1 vol. 3 50
Le Train 17. 1 vol. 3 50
Candidat. 1 vol. 3 50

COLOMBEY

Corr. authentique de Ninon de Lenclos. 1 vol. 5 »

ALPHONSE DAUDET

Aventures prodigieuses de Tartarin de Tarascon. 1 vol. 3 50
Le même, illustré. 10 »
Tartarin sur les Alpes. 1 vol. 3 50
L'Evangéliste. 1 vol. 3 50
Jack. 2 vol. 7 »
Robert Helmont. 1 vol. 3 50
Le même, illustré. 10 »
Les Rois en exil. 1 vol. 3 50

ALBERT DELPIT

La Famille Cavalié. 2 vol. 7 »
Jean Nu-Pieds. 2 vol. 7 »
Le Mystère du Bas-Meudon. 1 vol. 3 50

FERDINAND FABRE

L'Abbé Tigrane. 1 vol. 3 50
Les Courbezon. 1 vol. 3 50
Mlle de Malavielle. 1 vol. 3 50
Le Marquis de Pierrerue. 2 vol. 7 »
La Petite Mère. 4 vol. 14 »

ARSÈNE HOUSSAYE

La Comédie au coin du feu. 1 vol. 3 50
Alice. 1 vol. 3 50
Le Chien perdu. 2 vol. 7 »
La Comédienne. 1 vol. 3 50
Confessions. 4 vol. 24 »

KRASZEWSKI

Le Juif. 1 vol. 3 50

RICHARD LESCLIDE

Contes extra-galants. 1 vol. 6 »
Propos de table de Victor Hugo. 1 vol. 6 »
La Femme impossible. 1 vol. 3 50

HECTOR MALOT

L'Auberge du Monde. 4 vol. 12 »
Les Batailles du Mariage. 3 vol. 9 »
Un Beau Frère. 1 vol. 3 »
La Belle Madame Donis. 1 vol. 3 »
Les Besoigneux. 2 vol. 6 »
Cora. 1 vol. 3 »
Clotilde Martory. 1 vol. 3 »
Madame Obernin. 1 vol. 3 »
La Petite Sœur. 2 vol. 6 »
Sans Famille. 2 vol. 6 »

CATULLE MENDÈS

L'Amour qui pleure et l'Amour qui rit. 1 vol. 3 50
Les Mères ennemies. 1 vol. 3 50

Les Monstres Parisiens. 1 vol. 3 50
Le Roi Vierge. 1 vol. 3 50
Toutes-les-Amoureuses. 1 vol. 3 50
Le Rose et le Noir. 1 vol. 3 50
La Vie et la Mort d'un Clown. 2 vol. 7 »
Tendrement. 1 vol. 3 50
Le souper des pleureures. 1 vol. 3 50

MAURICE MONTÉGUT

La Faute des autres. 1 v. 3 50
L'Arétin, drame. 4 »

IMBERT DE SAINT-AMAND

Les Femmes de Versailles. 5 volumes.
Les Femmes des Tuileries. 18 vol.
Chaque vol. 3 50
Edition illustrée. 2 vol. in-8° soleil, chaque. 10 »
Portraits de grandes Dames. 1 vol. 3 50
Madame de Girardin. 1 vol. 3 50

EUGÈNE SCRIBE

Œuvres complètes en 76 vol. à [illegible]

ALBÉRIC SECOND

Misères d'un prix de Rome. 1 vol. 3 »
Roman de deux Bourgeois. 1 vol. 3 [illegible]
Le Tiroir aux Souvenirs. 1 vol. 3
La Vicomtesse Alice. 1 v. 3 »
La Vie facile. 1 vol. 3

VICTOR TISSOT

L'Allemagne amoureuse. 1 vol. 3 50
La Police secrète prussienne. 1 vol. 3 50
Russes et Allemands. 1 vol. 3 50
La Russie et les Russes. 1 vol. 3 50
De Sadowa à Sedan. 1 v. 3
La Société et les Mœurs allemandes. 1 vol. 3
Vienne et la Vie viennoise. 1 vol. 3
Voyage au Pays des Milliards. 1 vol. 3
Voyage aux Pays annexés. 1 vol. 3
Voyage au Pays des Tziganes. 1 vol. 3
Un hiver à Vienne. 1 v. in-8° illustré. 10

Le nouveau Décaméron.

10 jolis volumes, illustrés, de Contes et Nouvelles, par les plus célèbres auteurs contemporains. Chaque volume. 6 fr.

PARIS — TYP. NOIZETTE

L'UNIVERS

A-T-IL ÉTÉ CRÉÉ?

OU

QUE SOMMES-NOUS?

L'UNIVERS A-T-IL ÉTÉ CRÉÉ ?

OU

QUE SOMMES-NOUS ?

EXPOSÉ POPULAIRE

Sur la Matière et la Force, la Vie et la Mort, les Plantes, les Animaux et l'Homme

PAR

L. GUILLAUME

PARIS
E. DENTU, ÉDITEUR
LIBRAIRE DE LA SOCIÉTÉ DES GENS DE LETTRES
3, Place de Valois, Palais-Royal,
1888

ERRATA

Page 114,	ligne 19,	*lisez* :	la voir,	*au lieu de* :	le voir.
» 120	» 10	»	amphioxus	»	amphiovus.
» 121	» 25	»	phanérogames	»	phanéroganes.
» 140	» 9	»	paléontologie	»	paléontalogie.
» 156	» 13	»	peptone	»	peptones.
» 180	» 16	»	(matière)	»	(matérielle).
» 190	» 6	»	fluorures	»	florures.
» 190	» 15	»	sortent	»	sortant.

INTRODUCTION

Il est incontestable que la grande majorité des membres de l'immense famille qui compose le genre humain vit sans savoir comment et croit sans savoir pourquoi.

Ce qui prédomine encore parmi les masses, c'est l'ignorance ; sa digne et inséparable compagne, c'est la superstition.

Plus un peuple est ignorant, plus il voit de miracles ; sa croyance dans le surnaturel est toujours en raison directe de son ignorance même.

Hors d'état de se rendre compte des phénomènes les plus naturels, il voit partout l'intervention de pouvoirs occultes et mystérieux.

Longtemps les éclairs, le tonnerre, le flux et le reflux de la mer, les ouragans, les tremblements de terre ont été pour nous et sont encore actuellement pour les peuples sauvages, autant de manifestations de la divinité en courroux.

Mettre sur le compte de Dieu tout ce que l'on n'arrive pas à comprendre est une coutume aussi vieille que le monde. Cette manière aussi simple que commode, qui prévaut encore parmi nous, de résoudre les problèmes les plus difficiles, a malheureusement le grand désavantage de ne rien expliquer, tout en ayant l'air de nous avoir tout appris.

On comprendra facilement qu'en présence d'un système aussi défectueux, il était de toute nécessité d'en chercher un meilleur.

Lents ont été les tâtonnements, puissants les moyens d'obstruction, mais formidable la force expansive au service de la vérité qui, longtemps cachée, souvent méconnue, éclate maintenant de toutes parts et n'est ignorée que par celui qui ferme volontairement les yeux pour ne pas voir la lumière qui l'aveugle.

C'est le désir de fournir notre modeste appoint, d'apporter notre humble con-

cours au triomphe de la vérité, qui nous a fait, armés des travaux de savants illustres, entrer en lice pour combattre le bon combat en contribuant selon nos faibles forces à propager les doctrines scientifiques et à dessiller les yeux de nos trop crédules contemporains en leur faisant voir les choses telles qu'elles sont et non telles qu'ils désireraient qu'elles fussent.

Dans le but de mettre notre ouvrage à la portée du plus grand nombre, nous nous sommes efforcés de l'écrire dans un style simple et familier, en nous appliquant surtout à éviter, autant que faire se pourrait, l'emploi de termes scientifiques qui auraient pu en obscurcir le sens aux yeux des profanes.

Ceux de nos lecteurs qui voudraient étudier tout spécialement quelques-unes des questions que, vu le cadre restreint que nous nous sommes tracés, il ne nous a pas été possible de développer autant que nous l'aurions désiré, nous les renvoyons aux remarquables ouvrages de Haeckel, Buechner, Huxley et Moleschott dont les admirables travaux nous ont fourni une partie des matériaux qui nous étaient nécessaires pour la construction de notre édifice.

Avant de terminer cette courte introduction, il nous reste encore à réclamer l'indulgence du lecteur pour les erreurs involontaires ou omissions qui auraient pu se glisser dans un sujet aussi vaste et aussi important que nous avons entrepris de traiter et d'offrir au public.

L'UNIVERS A-T-IL ÉTÉ CRÉÉ ?

I

LA CRÉATION D'APRÈS LA GENÈSE

Tout système de logique qui ne procède pas du Connu à l'Inconnu est un système fantaisiste dépourvu de toute valeur scientifique. Sans la méthode inductive, les sciences naturelles n'auraient jamais fait le moindre progrès. C'est à cette méthode d'investigation que nous devons tout ce que nous savons de positif. C'est la seule vraie, la seule conforme au bon sens. Si elle avait toujours été prise pour guide, nous n'aurions pas autant de systèmes de philosophie que nous en avons, et on ne pourrait pas dire en parlant de ce genre de productions qu'il n'y a aucune sottise qui n'ait été dite, aucune bêtise qui n'ait été imprimée.

Le simple bon sens, en effet, nous démontre que tout ce qui est contraire à l'expérience est contraire à la raison. Tout raisonnement qui n'est pas basé sur les faits, c'est à-dire sur l'expérience, ne peut évoquer que des arguments sans valeur.

L'apriorisme est une immense absurdité inventée par des gens qui, ne sachant rien, avaient, comme cela arrive toujours, la rage de vouloir expliquer tout.

Au raisonnement *a priori* qui est peut-être une manière de raisonner fort commode en métaphysique et en théologie, la science oppose le raisonnement *a posteriori*, le seul qui nous ait fait progresser, le seul qui nous ait fait sortir des ténèbres où nous étions plongés.

Si c'est par les fruits que nous devons juger l'arbre, l'apriorisme en a produit de bien mauvais. Ce système de logique soigneusement entretenu et propagé par les religions nous a maintenu dans la plus profonde ignorance jusque vers la fin du siècle dernier. C'est par ce système de logique, anti-scientifique au premier chef, dont les religions se sont emparées, que nos idées sur les choses en général sont faussées dès nos premiers pas dans la vie.

En effet, c'est au début de notre vie intellectuelle, quand notre cerveau, semblable à de la cire à modeler, est prêt à recevoir toutes les impressions quelles qu'elles soient, et que nos facultés intellectuelles naissantes sont, pour la première fois, mises en éveil et intriguées par les phénomènes qui nous entourent, lesquels, même les plus naturels, sont pour nous encore autant de mystères; c'est quand nous essayons timidement de sortir des ténèbres pour nous rendre compte de l'endroit où nous sommes et que nous nous efforçons de nous former des idées sur le milieu où nous nous trouvons placés, que les princes des sciences occultes, les soi-disant médecins de l'âme, sous prétexte de nous instruire s'emparent de notre pauvre petit cerveau, alors qu'il est encore incapable du moindre contrôle, pour lui inculquer les notions les plus fausses, lui faire apprendre les légendes les plus absurdes et contribuer par tous les moyens possibles à paralyser le libre essor de notre jeune esprit avide de vérité et à l'obscurcir par une foule de préjugés dont bien peu d'entre nous arriveront à se défaire complètement plus tard.

Que nous demande-t-on aussitôt que nous sommes en état d'apprendre la moindre des choses ? Si vous vous rappelez bien, on nous demande qui est-ce qui a fait le ciel et la terre.

Cette petite question à l'air si simple et si innocent, et qui nécessairement implique que ciel et terre ont été faits, est la plus fatale, la plus grosse de conséquences que l'on puisse concevoir pour l'esprit humain. C'est le germe de tout le mal, la cause primordiale (si on nous permet l'expression) du déraillement intellectuel que chaque pas dans la vie accentuera davantage encore. Chaque connaissance acquise et vue à travers ce prisme sera fatalement faussée dans sa nature, et ses conséquences seront d'autant plus éloignées de la vérité que les prémisses y seront contraires.

Quinze ou vingt ans d'un pareil régime auront été plus que suffisants pour nous faire considérer comme une vérité absolue la plus colossale fiction qui ait jamais existé et qui a nom Création.

Tout le monde parle de la Bible, mais bien peu de personnes, relativement, peuvent se vanter de l'avoir lue toute entière. Quoique notre intention ne soit certes pas de les obliger à le faire, nous ne pouvons cependant pas résister au plaisir de transcrire ici le premier chapitre de la Genèse, ou version officielle de la création, version dont l'authenticité ne saurait être mise en doute puisque, d'après les croyants, elle a été inspirée par l'auteur de la création, c'est-à-dire par Dieu lui-même.

(Les mots entre parenthèses ne figurent pas dans le texte hébreu ; ils n'ont été intercalés par les traducteurs que pour en faciliter l'intelligence).

1. Au commencement Elohim (Dieu) créa les cieux et la terre.

2. Et la terre était sans forme et vide, et les ténèbres (étaient) sur la face de l'abîme et l'esprit d'Elohim (Dieu) planait sur les eaux.

3. Et Elohim (Dieu) dit : Que la lumière soit ; et la lumière fut.

4. Et Elohim (Dieu) vit la lumière qu'elle était bonne (vit que la lumière était bonne) ; et Elohim distingua entre la lumière et les ténèbres (Dieu divisa la lumière d'avec les ténèbres).

5. Et Elohim (Dieu) nomma la lumière jour ; et les ténèbres il nomma nuit ; et il fut soir et il fut matin un jour (et le soir et le matin furent le premier jour).

6. Et Elohim (Dieu) dit : Qu'il y ait une étendue dans le milieu des eaux ; et qu'il y ait une division entre les eaux et les eaux (et qu'elle sépare les eaux d'avec les eaux).

7. Et Elohim (Dieu) fit l'étendue et dis-

tingua entre les eaux qui (étaient) au dessous de l'étendue et les eaux qui (étaient) au-dessus de l'étendue (et sépara les eaux qui étaient au-dessous de l'étendue d'avec les eaux qui étaient au-dessus de l'étendue) et ainsi fut.

8. Et Elohim (Dieu) nomma l'étendue cieux. Et il fut soir et il fut matin un second jour (et le soir et le matin furent le second jour).

9. Et Elohim (Dieu) dit : Que les eaux sous les cieux soient rassemblées en un lieu et que le sec (Terre) apparaisse ; et ainsi fut.

10. Et Elohim (Dieu) nomma le sec Terre et le rassemblement de l'eau (des eaux) il nomma mers ; et Elohim (Dieu) vit (que) cela était bon.

11. Et Elohim (Dieu) dit : La terre produise de l'herbe, de l'herbe donnant semence, des arbres fruitiers donnant du fruit d'après leur espèce dont la semence soit en eux sur la terre ; et ainsi fut.

12. Et la terre produisit (de l'herbe), de l'herbe donnant semence d'après son espèce et (des) arbres faisant (donnant des

fruits dont la semence (était) en eux, d'après leur espèce, et Elohim (Dieu) vit (que) cela était bon.

13. Et il fut soir, et il fut matin un troisième jour.

14. Et Elohim (Dieu) dit: Qu'il y ait des lumières dans l'étendue des cieux pour distinguer entre le jour et entre la nuit (pour distinguer le jour de la nuit) et elles seront (qu'elles servent) pour (de) signes et saisons et pour jours et années.

15. Et elles seront (et qu'elles soient) pour lumières dans l'étendue des cieux, pour luire sur la terre; et ainsi fut.

16. Et Elohim (Dieu) fit les deux grandes lumières; la grande lumière pour dominer sur le jour et la petite lumière pour dominer sur la nuit et les étoiles.

17. Et Elohim (Dieu) les mit dans l'étendue des cieux pour luire sur la terre.

18. Et pour dominer sur le jour et sur la nuit et pour distinguer entre la lumière et entre les ténèbres (et pour séparer la lumière d'avec les ténèbres). Et Elohim (Dieu) vit (que) cela était bon.

19. Et il fut soir et il fut matin un quatrième jour.

20. Et Elohim (Dieu) dit: Que les eaux abondent en créatures (que les eaux produisent abondamment des créatures) qui rampent et qui aient vie; et les oiseaux voleront sur la terre dans l'étendue des cieux.

21. Et Elohim (Dieu) créa les grands monstres marins (les grands poissons) et toutes les créatures vivantes qui rampent (se meuvent) (et) que les eaux produisirent en abondance d'après leur espèce, et tous les oiseaux ayant des ailes d'après leur espèce.

Et Elohim (Dieu) vit (que) cela était bon.

22. Et Elohim (Dieu) les bénit, disant: Croissez et multipliez et remplissez les eaux dans les mers; et les oiseaux multiplieront sur la terre.

23. Et il fut soir et il fut matin un cinquième jour.

24. Et Elohim (Dieu) dit: Que la terre produise (des) créatures vivantes d'après leur espèce; (les) animaux domestiques

(les) choses rampantes (reptiles) et les bêtes de la terre d'après leur espèce; et ainsi fut.

25. Et Elohim (Dieu) fit les bêtes de la terre d'après leur espèce et les animaux domestiques d'après leur espèce et toute chose qui rampe sur le sol (les reptiles) d'après leur espèce. Et Elohim (Dieu) vit (que) cela était bon.

26. Et Elohim (Dieu) dit: Faisons l'homme à notre image, d'après notre ressemblance, et qu'ils dominent (qu'il domine) sur les poissons de la mer, et sur les oiseaux des cieux, et sur les animaux domestiques, et sur toute la terre et sur toutes les choses rampantes (reptiles) qui rampent sur la terre.

27. Et Elohim (Dieu) créa l'homme à son image, à l'image d'Elohim (Dieu) il le créa; mâle et femelle il les créa.

Voilà, d'après le premier chapitre de la Genèse, comment les choses se sont passées.

Avant de signaler les erreurs que ce chapitre contient, nous avons à informer nos lecteurs de l'existence dans la même bible d'une deuxième version de l'histoire de la création en formelle contradiction avec la première que nous venons de citer. Cette deuxième version commence au 4e verset du 2e chapitre de la Genèse : nous allons la résumer en deux mots :

Les versets 4 et 5 de ce 3e chapitre commencent par nous apprendre qu'après la création de la terre et des cieux aucune plante et aucune herbe n'avaient encore poussé, car Dieu n'avait pas encore fait pleuvoir et il n'y avait pas un homme pour labourer la terre. Alors un brouillard s'élève de la terre et arrose toute sa surface, (verset 6.), et Dieu forme l'homme de la poussière de la terre et fait pénétrer en lui le souffle de vie (verset 7.).

Les versets 15 à 18 se réfèrent au paradis terrestre, à sa description et à la défense faite par Dieu à Adam de manger des fruits de l'arbre du bien et du mal.

Le verset 18 nous apprend que Dieu ne trouvant pas bon que l'homme fût seul, décide de lui donner une compagne ; puis, de la poussière de la terre (comme pour Adam) Dieu fait les bêtes des champs et les oiseaux de l'air et les amène devant Adam pour qu'il leur donne un nom (verset 19.). Adam donne donc des noms au bétail, aux animaux des champs et aux oiseaux de l'air, mais ne trouve parmi eux aucune compagne (verset 20.). C'est alors que Dieu endort Adam, lui arrache une côte, puis fait la femme et la présente à celui-ci (versets 21 et 22.).

Inutile de faire remarquer la flagrante contradiction entre ce deuxième récit de la création et le premier que nous avons transcrit. Quoiqu'en opposition formelle ils se trouvent cependant tous les deux dans la Bible et font suite l'un à l'autre.

Nos lecteurs ont déjà remarqué, sans doute, que dans la première version l'homme n'apparaît qu'en dernier, tandis que dans la deuxième, c'est en premier qu'il est créé. Dans la première version les animaux apparaissent avant l'homme; dans la deuxième ils ne viennent qu'après et sont, comme Adam, formés du limon de la terre.

Dans la première version, le Tout est fabriqué avec du Rien; dans la seconde, seuls la terre, les cieux et les plantes sont ainsi fabriqués, puis, le Rien étant complètement épuisé, c'est avec du limon de la terre que l'homme et les animaux sont formés.

Dans la première version l'homme est créé mâle et femelle ; dans la deuxième il n'est créé que mâle, et, après avoir fait les animaux, Dieu essaie de donner à Adam une bête pour compagne, mais, heureusement pour nous, Adam refuse énergiquement et force est à Dieu de lui manufacturer tout spécialement avec une de ses côtes une épouse plus conforme à ses goûts.

Dans la première version l'homme est fait à l'image de Dieu ; la seconde version est muette sur ce point.

La première version nous fait assister jour par jour à la création dans un ordre progressif, tandis que la deuxième se préoccupe beaucoup moins de la création que la première, et semble avoir plutôt pour but le désir de nous initier à la fable du paradis terrestre, du serpent et du premier péché. Sans cette fable, en effet, qui est la pierre angulaire de la religion juive aussi bien que du christianisme, la première n'aurait eu aucune raison plausible pour exiger des sacrifices et des offrandes de ses prosélytes en leur persuadant qu'ils étaient impurs, le second n'aurait eu aucune nécessité d'un rédempteur pour sauver les hommes. Cette fable était donc nécessaire, et, ma foi, fort ingénieuse.

Enfin la première version se sert constamment du mot « Elohim » pour signifier Dieu, tandis que la deuxième désigne toujours la divinité par les mots « Yahveh Elohim » qui veulent dire seigneur Dieu. C'est pourquoi la première version est appelé Elohistique et la seconde Yahvistique.

Comme on le voit, ces deux récits de la création diffèrent d'un bout à l'autre; ils sont à chaque pas en formelle contradiction. Quel est celui que nous devons croire pour être sauvé? Apparemment tous les deux, puisqu'ils figurent dans le même livre.

Nous nous proposons plus loin de démontrer dans quel but ils ont été écrits. Pour le moment nous allons voir jusqu'à quel point la Bible est un livre inspiré ainsi que le degré de confiance que nous devons avoir dans ses assertions.

Au premier verset du 1er chapitre nous voyons Dieu créer le ciel et la terre, puis au 3e verset nous le voyons créer la lumière qui, à ce moment-là, devait être intimement mélangé avec les ténèbres puisque les 4e et 5e versets qui suivent nous annoncent que Dieu sépara la lumière des ténèbres et appela la lumière Jour et les ténèbres Nuit. Ce devait être un curieux phénomène que ce mélange de lumière et de ténèbres, mais plus curieux encore est l'existence de cette lumière indépendamment du soleil qui, lui, n'est créé, nous ne savons pour quelle raison, que le 4e jour (verset 14), c'est-à-dire seulement trois jours après le commencement de la création.

Evidemment le Juif qui a écrit cela ignorait totalement que le soleil fût la source de toute lumière sur notre planète et que, par conséquent, l'apparition de la lumière, c'est-à-dire la succession des jours et des nuits sur la terre, avant l'apparition du soleil, est tout simplement une absurdité.

Les 6e 7e et 8e versets, qui comprennent le 2e jour, nous apprennent que (comme pour la lumière) les cieux étaient étroitement mélangés avec la terre et que Dieu sépara ceux-là de celle-ci.

Impossible au pauvre homme qui a écrit cela de nous donner un exemple plus frappant de son ignorance. Il considérait, comme du reste tous les Juifs de son temps, le ciel comme un léger accessoire de la terre. Cette conception est encore mieux mise à jour dans les versets qui vont suivre.

Le 3e jour (versets 9, 10, 11, 12, 13), après avoir fait apparaître la terre ferme, Dieu crée les végétaux.

Cette apparition des végétaux avant la création du soleil ne laisse pas d'étonner quand on songe que, sans le soleil, il n'est pas de végétation possible.

Enfin le 4e jour (versets 14, 15, 16, 17, 18, 19.) Dieu se décide à faire le soleil, la lune et les étoiles. C'est par là qu'il aurait dû commencer : alors nous nous expliquerions mieux l'existence des jours et des nuits qui ont précédé, parce que, en l'absence du soleil, nous ne comprenons pas très bien comment ces trois jours et ces trois nuits ont pu se produire.

Mais ceci devient un détail insignifiant quand nous lisons le verset 17 dans lequel, en parlant du soleil, de la lune et des étoiles il nous est dit : Elohim les mit dans l'étendue des cieux pour luire sur la terre. C'est le comble de l'ignorance. Impossible à qui que ce soit d'enfanter une bourde aussi colossale. On reste vraiment stupéfait devant une pareille assertion où la présomption le dispute à la naïveté.

Quoi ! c'est à l'époque où nous vivons que l'on veut nous faire croire que le soleil a été créé pour luire sur la terre (verset 17) et la lune pour éclairer nos nuits ? Il n'est vraiment pas raisonnable de vouloir nous imposer une pareille croyance.

Si la lune a été créée spécialement pour

éclairer nos nuits, il faut avouer qu'elle s'acquitte bien mal de sa tâche ; et, quant au soleil, c'est à bon droit que nous avons lieu de nous étonner que Dieu ait pris la peine de faire une aussi grosse lampe pour éclairer un globe aussi petit. Il est de toute évidence que le Juif qui a écrit cela n'avait pas la plus plus petite idée de la grosseur du soleil, laquelle, est 1.251.000 fois supérieure à celle de la terre. Il se figurait très probablement que cet astre avait au plus un mètre ou deux de diamètre.

Et cette manière incidente dont il est fait mention des étoiles (verset 16), n'est-elle pas d'un comique achevé? Un peu plus Dieu allait les oublier. C'eût été le comble de la distraction.

Cette apparition du soleil et des étoiles quatre jours après la création de la terre est un chef-d'œuvre ; il se conçoit à peu près aussi bien que la naissance du fils avant celle de son père.

Tout ici, en un mot, nous indique que l'auteur de la Genèse croyait que la terre était le centre de l'univers. Il ignorait totalement que la terre n'était qu'une des plus petites planètes faisant partie d'un système ayant pour centre le soleil qui, lui-même, n'est qu'une étoile obéissant à son tour à un autre système plus élevé encore.

Si l'auteur de la Genèse avait soupçonné l'existence d'autres planètes qui, comme la terre, en raisonnant par analogie, sont très probablement habitées et dans tous les cas également éclairées par le soleil, il n'aurait pas dit que celui-ci avait été créé pour luire sur la terre ; s'il avait eu la moindre idée du mouvement des corps célestes, de leur distance, de leur nombre et de leur grosseur relativement à celle de la terre, il ne lui serait sûrement jamais venu à l'esprit de considérer notre planète comme le centre de l'univers.

Le cinquième jour (versets 20, 21, 22, 24), Dieu crée les poissons et les oiseaux.

Le sixième (versets 24, 25, 26, 27), il crée les animaux domestiques, les reptiles, les bêtes de la terre, puis enfin l'homme.

Ici aussi la profonde ignorance de l'auteur ne se dément pas un seul instant.

En nous annonçant que le sixième jour Dieu créa les animaux domestiques, il ne semble pas se douter le moins du monde que les animaux domestiques descendent tous d'espèces sauvages, et que l'état de domestication dans lequel ils se trouvent est l'œuvre exclusive de l'homme.

De plus, nous devons faire remarquer que toute cette création s'effectue en six jours et non en six périodes comme on a essayé d'insinuer ; car, non seulement le mot hébreu « Yom » signifie jour de vingt-quatre heures et non pas période, mais encore les mots « soir » et « matin » indiquent on ne peut plus clairement qu'il s'agit bien ici, dans l'esprit de l'auteur, d'un jour de vingt-quatre heures et non de périodes.

Or, que nous enseigne la Géologie sur ce point?

La Géologie nous enseigne que les roches qui composent la croûte terrestre depuis le Laurentien jusqu'à l'âge quaternaire, dans les couches duquel les premiers débris humains nous apparaissent, ont mis, non pas six jours, mais des millions et millions d'années à se former.

Est-il donc possible que de nos jours on veuille encore nous imposer la croyance dans les élucubrations fantaisites du ou des Juifs ignorants qui ont écrit la Genèse? Existe-t-il dans cette narration un seul point où l'auteur se révèle supérieur à son siècle et trahisse en quoi que ce soit des connaissances supérieures à celles de ses contemporains? Force est bien de confesser que non, et que si ce récit se distingue d'une façon quelconque des autres produits similaires, ce n'est pas par ses connaissances surnaturelles mais bien par son manque absolue des connaissances les plus naturelles.

Nous n'avons cité de la Bible que les vingt-sept premiers versets du premier chapitre de la Genèse afin de démontrer les erreurs capitales qu'ils contenaient. Ces grossières erreurs sont, ce nous semble, plus que suffisantes pour rejeter ce livre soi-disant inspiré par nous ne savons qui, et qui, à n'en pas douter, est l'œuvre d'un ou plutôt de plusieurs Israélites dont les connaissances ne se distinguaient en aucune façon de celles des Juifs de leur temps.

Dans ce livre de Dieu les erreurs pullulent. Jusqu'à présent nous n'avons relevé que celles qui se trouvent dans les vingt-sept premiers versets que nous avons transcrits. Les signaler toutes serait une lourde tâche, suffisante à elle seule pour faire l'objet d'un ouvrage spécial en plusieurs volumes. A mesure que l'on poursuit la lecture de ce livre, plus formidables sont les erreurs que l'on rencontre. On n'a vraiment que l'embarras du choix.

Ainsi, qui d'entre nous n'a pas encore présent à l'esprit l'histoire de Noé et de son arche ? Les sept travaux d'Hercule n'ont droit qu'à notre mépris si nous les comparons à la colossale entreprise du bonhomme Noé.

Prendre un couple de toutes les bêtes qui existent n'est pas une mince besogne !

La collection d'insectes a dû lui donner tout particulièrement du fil à retordre. Peu commune aussi a dû être son activité pour se procurer un couple des différentes espèces d'oiseaux. Nous n'avons pas l'idée, non plus, des innombrables tours de forces auxquels le brave homme a dû se livrer pour s'emparer des reptiles et des fauves. Mais l'éternel sujet de notre admiration est l'admirable courage, la mâle résolution, l'héroïque abnégation dont ont fait preuve en cette circonstance l'ours blanc en quittant les glaces polaires et le kanguroo et l'ornithorynque en abandonnant l'Australie (on ne sait par quelle route !) pour s'en aller bravement à la recherche des bords de l'Euphrate et se mettre à la disposition du vieux Noé. Leur conduite est certainement au-dessus de tout éloge.

Mais, si tout ceci nous explique d'une manière fort satisfaisante comment les animaux ont été sauvés du déluge, en revanche on ne nous dit pas un mot sur la manière dont les plantes, elles, ont pu échapper à cette inondation générale.

Pourquoi? Tout simplement parce que l'Israélite qui a écrit cela ne savait pas que les végétaux respiraient aussi bien que les animaux, et qu'une submersion complète des végétaux pendant les six mois qu'aurait duré ce déluge les vouaient, eux et leurs graines, à une entière destruction. S'il avait connu ce léger détail il n'aurait certainement pas manqué de nous expliquer comment les plantes, elles aussi, avaient été sauvées. Pour ne pas être entraîné trop loin, nous nous asbtiendrons de parler de l'impossibilité physique de l'inondation totale du globe. C'est une nouvelle absurdité à ajouter à tant d'autres.

Et l'arrêt du soleil et de la lune au commandement de Josué! (Josué, chap. X versets 12 et 13.) N'est-ce pas un fait tout aussi remarquable et non moins merveilleux que l'histoire de l'arche? Seulement, malheureusement pour la Bible, ici aussi, comme pour les végétaux, une erreur de plume s'est encore glissée dans le texte. Noé oublie les plantes et Josué arrête le soleil au lieu d'enrayer le mouvement de rotation de la terre. Les personnages de la Bible n'ont vraiment pas de chance dans leurs entreprises.

Il est clair comme le jour que celui qui a écrit le livre de Josué ne possédait pas des connaissance sensiblement supérieures à celles de l'auteur de la Genèse et n'était,sous aucun rapport, mieux inspiré que lui.

Arrêter le soleil pendant une journée au-dessus de la ville de Gibéon et la lune au-dessus de la vallée d'Ajalon, afin de gagner du temps pour achever de massacrer les Amorites, est certainement une idée fort originale. Evidemment l'auteur du récit ne considérait pas la lumière du soleil comme suffisante à elle seule pour éclairer le champ de bataille. Ici, comme partout ailleurs dans la Bible, la naïveté le dispute toujours à la présomption, et la plus profonde ignorance ne cesse jamais d'être la note dominante.

L'auteur du livre de Josué,qui nous dit que celui-ci a arrêté le soleil, ignorait d'abord que c'est la terre qui gravite autour du soleil et non le soleil autour de la terre. Il ignorait aussi que le soleil n'avait absolument rien à voir dans la succession des jours et des nuits sur la terre, phénomène qui, comme on sait, est dû uniquement au mouvement de rotation de la terre sur son axe. Or, pour que le soleil restât stationnaire au-dessus de la ville de Gibéon (puisque c'est ainsi que la Bible s'exprime) il eût nécessairement fallu que ce mouvement de rotation fût interrompu. Or la vitesse de ce mouvement de rotation de la terre sur son axe est, en chiffres ronds de 1580 kilomètres par heure, c'est-à-dire à peu près égale à celle d'une balle de fusil, indépendamment d'un autre mouvement qu'elle exécute en 365 jours autour du soleil et dont la vitesse est près de 110.080 kilomètres à l'heure.

Il est inutile d'insister sur les conséquences de l'arrêt d'un pareil mouvement. Tout ce que l'on peut dire, pour être bref, c'est que s'il avait eu lieu, la conversion en chaleur de la vitesse acquise eût entraîné un tel cataclysme que ni Josué ni les Amorites n'auraient eu la moindre envie de continuer le combat. La terre elle même n'eût pas été en état de présenter un champ de bataille ; un pareil choc l'eût certainement réduite en pièces.

Et cette histoire d'Ezéchias et de son furoncle, vous la rappelez-vous? Elle se trouve dans le second livre des Rois chap. XX, versets 7, 8, 9, 10 et 11, et dans le livre du prophète Isaïe, chap. XXXVIII, versets 1 à 9. Elle est aussi remarquable que les deux précédentes.

L'auteur de ce livre nous apprend qu'Ézéchias souffrait d'un furoncle et que pour être convaincu que Dieu le guérirait, il demandait à celui-ci, par l'intermédiaire du prophète Isaïe, de vouloir bien faire rétrograder le soleil de dix degrés. Sur la prière d'Isaïe, nous voyons (verset 1.) cette modeste requête s'accomplir instantanément. Nous ne pouvons, malgré tout, nous empêcher de penser combien il eût été incomparablement plus facile de guérir tout simplement le furoncle.

Et l'étoile qui guide les Mages à Bethléem (Saint Matthieu, Chap. II, verset 9) et s'arrête au-dessus de la maison où est né Jésus afin de la leur faire connaître.

Si quelqu'un d'entre nous sort un soir de chez lui par une nuit étoilée et se met en devoir de s'assurer au-dessus de quelle maison de sa ville ou de son village brille telle ou telle étoile qu'il lui plaira de choisir, il aura alors une idée exacte de la valeur pratique de l'indication fournie aux Mages par le corps céleste.

Si nous voulions tout citer, nous n'en finirions pas; mais les erreurs colossales que nous venons de signaler suffiront, nous pensons, pour faire voir jusqu'à quel point le livre est inspiré et quel degré de confiance il mérite.

Est-il concevable qu'en plein dix-neuvième siècle on veuille encore nous faire croire à de pareilles légendes, fruit de l'imagination d'une ou de plusieurs générations de Juifs ignorants? Est-il concevable qu'un homme en possession d'un cerveau de moyenne qualité et d'une modeste instruction puisse croire à des contes aussi grotesquement ridicules? Franchement nous ne le pensons pas.

Inutile de chercher des faux-fuyants et

de nous répondre ici en invoquant le mystère et la toute-puissance de Dieu ! Mystère et toute-puissance n'ont absolument rien à voir dans l'affaire. Il s'agit ici d'un récit inspiré par Dieu lui-même, et comme tel, il ne pouvait qu'être rigoureusement véridique, c'eût été là sa caractérisque et sa seule raison d'être. Or, loin d'être véridique, c'est un tissu de mensonges depuis le commencement jusqu'à la fin. Naturellement notre bon sens proteste et notre raison refuse de croire à de pareilles billevesées.

Nous savons bien que si nous avions la foi nous concevrions clairement la confusion des ténèbres et de la lumière; l'existence de la lumière indépendamment du soleil ; l'apparition des végétaux et la succession des jours et des nuits avant la création de l'astre du jour ; nous comprendrions parfaitement la confusion de la terre et du ciel ; la création des animaux domestiques ; la formation de la croûte terrestre en six jours ; l'histoire de l'arche de Noé, celle de l'arrêt du soleil et de la lune, celle du recul du soleil de dix degrés etc. C'est vrai, nous comprendrions cela parfaitement : mais, malheureusement, cette foi nous ne l'avons pas.

Si nous recherchons maintenant, avant de terminer ce chapitre, d'où provient la contradiction qui existe entre les deux versions de la création contenues dans la Bible, la version Elohistique et la version Yahvistique, et quelles sont leur origine respective, nous ne tarderons pas à nous apercevoir que ces deux versions sont l'œuvre de deux auteurs différents, et que chacune d'elles a été rédigée dans un but spécial.

La première version ou version Elohistique (Genèse, chap. I jusqu'au 5e verset du chap. II) semble n'avoir été écrite que pour démontrer que le ciel et la terre et tout ce qu'ils contiennent ont été créés en six jours et que le septième Dieu s'est reposé. Son but est transparent : c'est de donner une cause plausible à la sanctification du dimanche.

La deuxième version ou version Yahvistique (Genèse chap. II, verset 5 jusqu'au chap. IV) a pour but, au contraire, la fable de la chûte de l'homme. Elle a été écrite tout exprès pour nous démontrer que l'homme a péché, qu'il s'est rendu impur, qu'il est indigne de Dieu, et que désormais il ne pourra trouver grâce auprès du Seigneur, obtenir son salut et apaiser sa colère que par la pénitence, la prière, les offrandes etc.

Il n'est pas difficile de voir, à présent, que ces deux versions ont eu deux prêtres pour auteurs. L'auteur de la version Elohistique et l'auteur de la version Yahvistique se sont efforcés, par des moyens différents, de prouver à l'homme la nécessité d'un culte extérieur : le premier en fondant la sanctification du dimanche sur la fable par lui inventée du repos de Dieu le septième jour, et le second en se servant de sa propre fable du premier péché comme argument pour démontrer au peuple qu'il ne peut échapper que par les offrandes aux terribles conséquence de la faute commise par Adam et Ève.

Comme on le voit, c'est à l'admirable clairvoyance de ces deux lévites, dans leur tendre sollicitude pour le culte, que nous devons les deux merveilleuses versions de la création.

L'intéressante et très pratique question des offrandes semble avoir été la constante préoccupation des auteurs anonymes de la Bible.

Avant de clore ce chapitre, nous ne pouvons nous empêcher de soumettre aux âmes pieuses une question qui de tout temps n'a cessé et ne cesse encore de nous intriguer extraordinairement : Que faisait Dieu avant de créer le monde ?

Sur cette question d'un intérêt exceptionnel, jamais personne n'a entrepris de nous donner les moindres éclaircissements.

II

LA MATIÈRE ET LA FORCE[1]

S'il est une croyance répandue parmi nous, c'est assurément celle qui consiste à croire que la matière a été créée.

Comment en serait-il autrement quand, depuis notre plus tendre enfance, on nous le répète sur tous les tons et sous toutes les formes et, qu'à l'époque où cette croyance nous est imposée, notre extrême jeunesse et, par conséquent, notre extrême ignorance ne nous prédisposent que trop à la croyance au merveilleux? Quand nous sommes entourés d'un père qui le croit, d'une mère qui en est sûre, de pa-

[1] Voir sur ce point l'admirable ouvrage de Louis Buechner : Force et matière.

rents et d'amis qui ne l'ont jamais mis en doute? quand nos premiers pas à la recherche de la vérité sont faussés par des livres, qui, au lieu de nous guider vers la lumière, s'emparent de notre esprit presque aussitôt que nous venons de naître, pour le conduire, par d'obscurs sentiers, au pays des ténèbres, du mystère et du surnaturel?

Lorsqu'on songe au milieu dans lequel nous naissons et aux croyances avec lesquelles on nous familiarise à mesure que nous grandissons, il ne faut pas nous étonner qu'après quinze ou vingt ans d'un pareil régime, notre esprit se trouve obstrué par de pareilles notions et saturé de préjugés dont bien peu parmi nous pourront se débarrasser complétement plus tard.

C'est contre cette croyance, origine et source de toutes les erreurs, que nous nous élevons ; car ses conséquences sont fatales à l'esprit humain qu'elles faussent, en lui faisant croire à l'intervention d'un pouvoir surnaturel sur lequel personne ne sait rien, au lieu de le diriger vers la libre investigation scientifique qui seule peut le conduire à la vérité.

La chimie nous enseigne que les corps simples, c'est-à-dire indécomposables ou éléments primordiaux, connus jusqu'ici, sont au nombre de soixante-dix.

Ces corps forment l'air, les continents et les mers ; ils forment aussi, comme nous le verrons plus tard, les plantes et les animaux.

A ces corps qui constituent la Nature toute entière, on a donné le nom de Matière ; à tout ce qui agit sur la Matière on a donné le nom de Force. En dehors de la Matière et de la Force, nous ne connaissons rien. Nous ne connaissons aucune matière qui ne soit douée d'une force, ni aucune force qui ne provienne de la Matière.

Une Matière sans Force n'est pas plus concevable qu'une Force sans Matière. Séparées l'une de l'autre, notre imagination ne peut même pas se les représenter un seul instant.

La propriété fondamentale de la Matière est son Indestructibilité.

Prouver que la Matière est indestructible, c'est démontrer qu'elle ne saurait avoir de fin ; et démontrer qu'elle n'a pas de fin, c'est prouver qu'elle ne saurait avoir eu un commencement ou, en d'autres termes, qu'elle ne saurait avoir été créée.

Le propre de la Matière, c'est-à-dire de tout ce qui existe, c'est de changer de forme.

Ces changements sont dus à la propriété que possèdent les éléments (affinité chimique) de se combiner entre eux et de revêtir les formes les plus diverses, offrant ainsi à nos yeux les spectacles les plus variés. Mais les atomes de ces éléments primordiaux ou corps simples, en se combinant, ne perdent aucune de leurs propriétés particulières ; ils restent, en sortant de la combinaison de laquelle ils faisaient partie, exactement ce qu'ils étaient avant d'y entrer.

Un atome de fer, par exemple, peut figurer tour à tour dans le minerai, le corps d'une plante, le sang de l'homme ou des animaux, etc., sans cesser pour cela d'être fer, d'en avoir conservé toutes les propriétés, et d'avoir rigoureusement maintenu son poids primitif, sans gain ni perte, ni altération, ni changement aucun ; il reparaît fer après comme avant, et, de même qu'il n'a pas cessé d'être fer, fer il restera de toute éternité.

Que les nébuleuses en se condensant forment des étoiles (soleils), des planètes et des comètes, ou que étoiles, planètes et comètes deviennent des nébuleuses de nouveau, le poids de l'Univers reste invariablement le même, les éléments primordiaux (corps simples) qui composent la matière cosmique ne perdent rien de leur poids ni de leurs propriétés caractéristiques.

Bien que la surface de notre globe soit l'objet de constantes transformations, lentes mais continues, qui changent les continents en mers et les mers en continents, élèvent et nivellent les plus hautes montagnes, creusent et remplissent les plus profondes vallées, les atomes qui composent la matière, eux, ne changent pas. Au milieu de ces transformations multiples, leurs propriétés et leur poids ne varient point.

La croûte terrestre, dont l'épaisseur relativement à son volume (1/400 environ) peut être comparée à la coquille d'un œuf relativement à son contenu, est sans cesse bouleversée par la force expansive de la vapeur produite par l'eau qui, du sein des mers, pénètre par les fissures sous-marines jusqu'aux matières en fusion qui constituent l'intérieur de notre globe. Du contact de ces vastes quantités d'eau avec le feu central naissent ces énormes masses de vapeur dont l'effroyable pression, en cherchant une issue, soulève ou crève (tremblements de terre, volcans) la mince enveloppe sur laquelle nous vivons, formant ainsi de nouvelles proéminences à la surface du globe (îles, continents, montagnes). Les dépressions correspondantes auxquelles ces soulèvements donnent lieu ainsi que les déplacements d'eau qu'ils occasionnent quand ils se produisent au sein des mers, transforment à leur tour, en les inondant, les continents en mers. C'est un travail incessant d'élévation et de destruction. Ce qui était continent devient mer et ce qui était mer devient continent.

Mais, si le feu central est la plus terrible des forces qui travaillent sans interruption à changer la configuration de notre globe, elle n'est cependant pas la plus active.

Bien autrement considérable est le travail de dénudation opéré à la surface des continents par les eaux, les glaces, l'air et la température, lequel, quoique lent et presque imperceptible, n'en n'est pas moins, avec le temps, formidable dans ses effets.

L'eau pompée à la surface des mers par les rayons du soleil retombe sur les continents en forme de pluies qui désagrègent et émiettent les roches les plus dures, forment des ruisseaux, des rivières et des fleuves, et transportent à la mer, sous le nom de limon, les débris de ces roches. A ces débris viennent encore s'ajouter ceux que les vagues arrachent aux continents qu'elles rongent et qui, de concert avec le limon des fleuves, forment au fond des mers des dépôts qui, augmentant d'épaisseur, finiront par émerger du sein des eaux pour former ainsi de nouveaux continents. De cette manière, les eaux reforment ce qu'elles avaient détruit.

Dans cette campagne de dénudation du sol, les eaux des pluies ne sont pas seules à combattre la terre ferme ; elles sont encore, dans leur œuvre destructive, puissamment secondées par une foule d'autres éléments. Corrodées par l'oxygène et l'acide carbonique de l'atmosphère, dilatées par la chaleur, contractées par le froid, fendues par les glaces, ébranlées par les vents, les matières qui composent les roches les plus dures (quartz, feldspath, mica, hornblende) sont réduites en poussière, et, transportées par les cours d'eau à la mer, reforment d'autres roches (granit, syénite, gneiss, grès etc.) qui formeront de nouveaux continents pour retomber plus tard en poussière, puis se reconstituer et devenir continents de nouveau.

Mais, si tout change, rien ne disparaît.

Que les continents deviennent mers ou les mers continents, la quantité et le poids de matière restent invariablement les mêmes et se retrouvent après chaque combinaison absolument ce qu'ils étaient avant d'en faire partie. Rien ne saurait se perdre, rien ne saurait venir s'ajouter.

La balance qui poursuit la matière dans tous les changements de forme qu'elle subit, nous démontre que toutes ces transformations n'ont pas entraîné la perte de la plus petite particule de matière.

Tous les corps, sous l'influence de la chaleur, peuvent passer de l'état solide à l'état liquide, puis à l'état gazeux. Sous l'influence du froid, c'est-à-dire sous l'influence d'un degré de chaleur relativement moins élevé, ils repassent de l'état gazeux à l'état liquide pour devenir solides de nouveau.

Aucune perte de poids, c'est-à-dire de matière, n'a jamais été observée durant ces transformations successives.

Dissoudre un corps solide dans un liquide, c'est en changer la forme mais non en diminuer le poids.

Si nous prenons un corps solide quelconque et le divisons en deux parties, puis en quatre, en cent, en mille, etc., il viendra un moment où nous ne pourrons plus le diviser, parce que les moyens mécaniques nous feront défaut et non parce qu'il aura cessé d'être divisible. Si lorsque les moyens de le diviser nous manqueront, notre esprit y supplée en le divisant par la pensée en millions de millions et milliards de milliards, il n'aura nullement cessé après cela d'être divisible encore, et cela par la raison bien simple qu'il existe toujours et que, tant qu'il existe, il est divisible. Et divisible il le sera toujours, car nous ne pouvons pas l'anéantir.

Brûlons un morceau de bois et pesons-en soigneusement la fumée et les cendres, nous retrouverons, en ce faisant, le poids primitif du morceau de bois et, à la vérité, avec une légère augmentation provenant de l'oxygène de l'air absorbé durant la combustion.

Quand nous fumons un cigare, le poids des cendres et de la fumée est égal au poids qu'il avait lorsque nous l'avons allumé.

L'huile de la lampe qui nous éclaire ne disparaît du vase qui la contient que pour se transformer en d'invisibles gaz.

L'eau évaporée par les rayons du soleil ne disparaît que pour se convertir en nuages et retomber sur la terre sous forme de pluie ou de neige.

Ces exemples familiers que nous pourrions multiplier à l'infini démontrent que si tout change, en revanche rien ne disparaît; que le poids de l'Univers ne saurait ni augmenter ni diminuer; que la Matière, en un mot, est indestructible.

Nous venons de voir par ce qui précède que la Matière est indestructible, voyons maintenant s'il en est de même de la Force.

D'abord qu'est-ce que la Force?

La Force c'est tout ce qui agit sur la Matière pour en changer la forme.

Nous ne connaissons la Force que par ses effets. Le changement continuel que subit la matière sont des manifestations de la Force et prouvent son existence.

La Physique, cette science qui s'occupe de l'étude de la Force, n'en connaît aucune qui ne provienne de la Matière, de même qu'elle ne connaît aucune matière qui ne soit douée d'une force ; car, comme nous le disions plus haut, une force qui ne provienne pas de la matière et une matière qui ne soit pas douée d'une force sont des conceptions tellement monstrueuses que notre imagination n'est même pas en état de se les représenter, et c'est à bon droit que nous nous étonnons que le cerveau humain ait jamais pu enfanter la croyance d'une force séparée de la Matière quand tous les faits, sans exception aucune, sont unanimes à nous en démontrer tous les jours l'impossibilité.

La physique nous enseigne que les Forces que nous connaissons (de celles que nous ne connaissons pas nous n'avons pas à nous occuper puisque rien au monde ne nous autorise à supposer leur existence) que les Forces que nous connaissons, disons-nous, sont les suivantes :

1° L'attraction ou gravitation, 2° l'affinité chimique, 3° la cohésion (comprenant la capillarité et l'élasticité), 4° la chaleur et la lumière, 5° l'électricité (comprenant le magnétisme), et 6° la force mécanique.

La première de ces forces, l'attraction ou gravitation, est celle en vertu de laquelle tous les corps s'attirent; c'est elle qui trace le cours des astres, et régit les lois de pesanteur sur notre planète. La deuxième, l'affinité chimique ou attraction moléculaire, groupe les atomes en molécules; et la troisième, la cohésion, fait que celles-ci adhèrent entre elles. La chaleur, la lumière, l'électricité et le magnétisme ne sont autre chose que des phases successives par lesquelles passent les corps sous l'influence de la force mécanique qui, elle-même, se rattache à la première de ces forces: l'attraction.

Un temps viendra où nous reconnaîtrons enfin unanimement que toutes les forces ci dessus ne sont que des variétés de la première de ces forces appelée attraction de laquelle dérivent toutes les autres sans exception.

Voilà les forces que nous connaissons. Y en a-t-il une seule que l'on puisse concevoir comme indépendante de la matière?

Peut-on concevoir l'attraction sans les corps qu'elle attire, l'affinité chimique sans les particules de matière qu'elle groupe, la cohésion sans ces mêmes particules qu'elle fait adhérer?

Peut-on concevoir la chaleur, la lumière, l'électricité et le magnétisme sans penser en même temps aux corps chez lesquels se manifestent ces phénomènes?

Il est clair que, même par la pensée, nous ne pouvons séparer ni l'attraction, ni l'affinité chimique, ni la cohésion, ni la chaleur, ni la lumière, ni l'électricité, ni le magnétisme de la matière.

Pourquoi?

Parce que ces forces sont les attributs mêmes de la matière qui, sans ces attributs ou propriétés, cesserait par cela même d'être matière pour devenir un indescriptible. Rien que l'esprit est absolument hors d'état de concevoir.

Maintenant que nous venons de voir

que matière et force ne font qu'un, que l'une implique l'autre, que qui dit l'une dit l'autre, que la première sans la deuxième est aussi inconcevable que la deuxième sans la première, voyons, à présent, si, semblable à la matière, la Force est indestructible.

L'observation et l'expérience des faits nous démontrent qu'aucune force ne disparaît ; qu'elle ne fait que se convertir en une autre force, sans aucun gain, mais également sans aucune perte.

C'est ce que l'on appelle en physique le principe de la conservation de la force ou de l'énergie.

Si nous frottons assez longtemps deux morceaux de bois l'un contre l'autre, nous arriverons à les allumer, et la chaleur produite pour les allumer sera égale à la force dépensée en les frottant. La combustion de ce bois libèrera le carbone absorbé par la plante sous l'influence des rayons du soleil. La libération du carbone ou plutôt sa combinaison avec l'oxygène appelée combustion, si elle est appliquée à une machine, transformera l'eau en vapeur qui produira de nouveau le mouvement et la chaleur.

Si nous frottons deux morceaux de glace l'un contre l'autre nous parviendrons à les fondre, et la chaleur engendrée pour les fondre sera égale à la force employée à les frotter.

Si nous heurtons violemment l'une contre l'autre deux balles non élastiques, de plomb par exemple, nous transformons en chaleur la force mécanique que nous leur avons imprimée.

Si nous jetons une pierre en l'air nous lui imprimons une force égale à celle que nous avons dépensée en la projetant; en retombant, le choc convertira en chaleur la force que nous lui avons communiquée.

Si nous tournons une roue à aubes dans un vase rempli d'eau et bien clos, la température de l'eau ne tardera pas à s'élever et son degré de température équivaudra exactement à la force que nous avons dépensée à faire mouvoir la roue.

En tournant une machine magnéto-électrique, l'électricité que nous produisons équivaut à la force que nous avons dépensée pour tourner la machine. Si nous nous servons de ce courant électrique pour allumer la poudre qui charge un canon, par exemple, nous libèrerons les gaz contenus dans cette poudre en changeant l'énergie potentielle ou de repos renfermée en elle en énergie de mouvement qui, si elle sert à projeter un boulet, sera de nouveau transformée en chaleur par le choc du boulet contre une plaque de métal, par exemple.

Ces exemples de la conservation ou de l'indestructibilité de la Force (ce qui signifie la même chose) de même que ceux que nous avons cités pour démontrer l'indestructibilité de la Matière, peuvent aussi être multipliés à l'infini et nous prouvent que la Force, semblable à la Matière, se transforme mais ne disparaît pas, qu'en un mot, Force et Matière sont indestructibles.

Mais, dira-t-on, d'où provient la force que nous avons employée à frotter les morceaux de bois, de glace, à heurter les balles, à projeter la pierre, à tourner la roue à aubes et la machine magnéto-électrique ?

Cette force qui était en nous, appelée force animale, et que nous avons transformée en force mécanique (mouvement, travail) n'est autre chose que le résultat de la transformation de l'énergie potentielle de la nourriture ; c'est-à-dire que l'oxygène contenu dans l'air que nous respirons, en se combinant dans notre corps avec le carbone de nos aliments, détermine la combustion à laquelle nous devons la chaleur animale que nous convertissons en mouvement, en travail (force mécanique)[1].

Ces aliments desquels nous tirons le carbone proviennent des règnes animal et végétal. En dernière analyse, ils ne proviennent cependant que du règne végétal seulement ; car, bien que parmi les animaux les uns aient une nourriture pu-

[1] On a calculé que la chaleur produite quotidiennement par la combustion des aliments dans le corps d'un homme de trente ans du poids de 63 kilog. est égale à celle qu'il faudrait pour élever d'un degré la température de 2749 kil. d'eau. (Moleschott, Der Kreislauf des Lebens).

rement animale (carnivores) et que les autres tirent exclusivement leur alimentation du règne végétal (herbivores), cependant, en y regardant de plus près, les uns et les autres, herbivores et carnivores, ont le règne végétal pour source commune puisque sans herbivores il n'y aurait pas de carnivores.

Le règne végétal à son tour ne saurait exister sans l'influence des rayons du soleil à la faveur desquels les plantes assimilent le carbone. C'est ce carbone contenu dans nos aliments qui, en se combinant avec l'oxygène dans notre corps, développe dans celui-ci la chaleur, c'est-à-dire le mouvement et la vie.

C'est donc au soleil que, en dernière analyse, les plantes et par conséquent les animaux doivent la vie, puisque sans lui aucune végétation et, par là même, aucune vie animale n'est possible à la surface de notre globe. A lui remonte l'énergie potentielle de la nourriture que nous transformons en chaleur et en force mécanique, de même qu'à lui remonte l'énergie potentielle contenue dans la houille que nous brûlons et qui met en mouvement nos machines à vapeur. C'est le soleil, en un mot, qui est la source de toute chaleur, de toute vie, de tout mouvement à la surface de notre planète.

Après avoir démontré que cette force animale transformée en force mécanique a pour origine la chaleur et la lumière du soleil, il nous reste maintenant à démontrer d'où le soleil, lui, tire la chaleur et la lumière qu'il nous envoie.

Pour expliquer cela, il nous faut nous rappeler la propriété que possèdent les corps (et la constitution du soleil d'après les découvertes de l'analyse spectrale ne semble pas différer de celle de notre planète) il nous faut nous rappeler, disons-nous, la propriété que possèdent les corps de passer à l'état lumineux sous l'influence d'une force mécanique quelconque.

Chacun sait qu'en martelant une barre de fer, par exemple, c'est-à-dire en comprimant ses molécules, en changeant le groupement moléculaire, le fer s'échauffe, devient rouge, puis enfin produit une chaleur rayonnante.

Or, qu'est-ce que la chaleur rayonnante?

C'est la lumière même.

Au moyen de la force mécanique, en martelant, nous avons donc produit chez le fer la chaleur d'abord, puis la lumière ensuite.

Tous les corps sans exception se prêtent à la même démonstration, les uns en les martelant, les autres en les frottant, d'autres en les comprimant etc. Des changements apportés dans leur groupement moléculaire proviennent la chaleur, la lumière, l'électricité et le magnétisme.

Chaleur, lumière, électricité et magnétisme peuvent donc, tour à tour, être produits par la force mécanique. Rappelons-nous maintenant que l'attraction ou gravitation n'est autre chose qu'une force mécanique.

Eh bien! c'est cette force mécanique (attraction ou gravitation), unique moteur de l'Univers, seule et unique source du mouvement, qui, en changeant sans cesse le groupement moléculaire des éléments qui composent le soleil, détermine chez celui-ci le phénomène de la lumière.

La lumière du soleil et des autres corps célestes n'a pas d'autre origine.

Quant à la cause de l'attraction ou gravitation (force mécanique) elle découle tout naturellement de ce qui précède.

En effet, n'avons-nous pas vu plus haut que toute force mécanique est convertible en chaleur et toute chalour en force mécanique?

Quelle est la conclusion logique de cette conversion?

La conclusion logique de cette conversion explique à elle seule le mécanisme de l'Univers tout entier.

La conversion de la force mécanique (attraction ou gravitation) en chaleur explique les phénomènes de la lumière, de l'électricité et du magnétisme. La conversion de la chaleur en force mécanique explique celui de l'attraction ou gravitation et par conséquent de la force moléculaire (affinité chimique, cohésion, capillarité et élasticité) qui ne sont, en somme, que des formes différentes de l'attraction elle-même.

C'est le mouvement qui se convertit en chaleur et la chaleur qui se convertit en mouvement. C'est la corrélation, l'unité et la conservation des forces.

Voilà dans sa simplicité le mécanisme du système d'attraction et de répulsion[1] qui fait mouvoir et qui éclaire les mondes et duquel tous les autres phénomènes, même celui de la vie, sont dérivés.

. L'attraction ou gravitation, c'est la force mécanique qui produit la chaleur, la lumière, l'électricité et le magnétisme, lesquels se convertissent à leur tour en force mécanique, c'est-à-dire attraction de nouveau.

C'est la cause qui devient effet et l'effet qui devient cause.

C'est une force qui se transforme en une autre force sans gain et sans perte; car, semblable à la Matière dont elle émane, la Force est indestructible.

L'indestructibilité de la Matière et par

[1] La répulsion est tout simplement un degré moindre d'attraction. Tous les phénomènes de répulsion s'expliquent par de simples différences d'attraction du corps et du milieu qui l'environne.

conséquent l'indestructibilité de la Force (pas de matière sans force et pas de force sans matière !) signifie clairement que Matière et Force ne peuvent avoir une fin. Or, ce qui n'a pas de fin ne saurait avoir eu un commencement, et ce qui n'a pas eu de commencement n'a pas pu être créé puisqu'il a toujours existé.

Combien faudra-t-il donc encore de siècles pour que cette vérité qui nous aveugle soit unanimement reconnue ?

Nous souhaitons pour l'honneur de l'espèce humaine qu'elle ne mette pas trop de temps à se désiller enfin les yeux.

III

LES PLANTES ET LES ANIMAUX

Nous venons de voir dans le chapitre précédent que la matière inorganique n'a pu être créée par la simple raison qu'elle a toujours existé. Voyons, maintenant, s'il en est de même de la matière organique.

La matière organique est, comme on sait, la matière qui compose le corps des plantes et des animaux ou, si l'on veut, qui constitue le règne végétal et le règne animal tout entiers. C'est elle qui donne lieu à l'ensemble de phénomènes que nous appelons vie.

Il n'y a pas bien longtemps encore que la matière organique était considérée comme une matière spéciale complètement distincte de la matière inorganique et n'ayant rien de commun avec celle-ci. On la croyait animée d'une force surnaturelle, et c'est à cette force que l'on attribuait tous les phénomènes biologiques qu'elle présentait à nos yeux étonnés. Les partisans du merveilleux, ceux qui voient en tout et partout les manifestations d'un pouvoir occulte et immatériel, et qui trouvent plus facile de faire remonter tout ce qu'ils ne comprennent pas à l'existence d'une chose qu'ils comprennent encore moins, se croyaient en sûreté dans les positions qu'ils occupaient, lorsque, malheureusement pour eux, la chimie moderne les a délogés de leur forteresse soi-disant inexpugnable en démontrant par l'analyse qu'il n'existait dans la matière organique aucun composant qui ne fût inorganique et qu'on ne pût par conséquent trouver libre ou combiné dans la terre, dans l'eau, ou dans l'air. La chimie ajoutait, non sans quelque pointe d'ironie, que dans cette analyse elle n'avait trouvé aucune trace d'éléments ayant la moindre prétention au surnaturel. C'était un rude coup pour les fidèles croyants qui, sans mot dire, et avec une patience toute chrétienne, furent obligés de porter, non sans regrets, leurs pénates ailleurs.

Mais n'anticipons pas; prenons les choses par ordre et procédons avec des preuves à l'appui.

Parmi tous les phénomènes que la nature présente à nos regards, le plus curieux et le plus important est sans contredit celui de la vie. De tous temps il a appelé l'attention des hommes de science les plus illustres et a longtemps été considéré comme un problème insoluble.

Les immenses progrès faits par les sciences naturelles pendant les dernières années ont jeté une lueur toute nouvelle sur cette intéressante question.

Comme tout esprit sensé devait s'y attendre, ce n'était pas chez les organismes supérieurs, véritables colonies de cellules, produits complexes de l'évolution de la matière pendant des millions et millions d'années, qu'il fallait chercher la solution du problême relatif à l'origine de la vie;

c'était en remontant ou plutôt en descendant jusqu'aux organismes les plus simples, les plus élémentaires, jusqu'aux organismes monocellulaires, primordiaux en un mot, qu'une solution, si elle était possible, devait, dans tous les cas, être cherchée.

Cette solution si longtemps attendue fait aujourd'hui enfin partie du domaine scientifique. Elle se présente sous la forme d'un modeste petit organisme aquatique auquel on a donné le nom de Monère[1].

Qu'on se représente une petite masse microscopique d'une matière semblable à la gélatine, parfaitement homogène, amorphe et sans structure aucune. Cette petite masse forme le corps du plus simple des organismes découverts jusqu'ici. Toutes les fonctions de la vie sont chez cet étrange organisme, qui d'ailleurs ne possède aucun organe, réduites à leur plus simple expression. Quoiqu'il soit dépourvu d'organes, il ne laisse cependant pas d'accom-

[1] Voir sur les monères les travaux du docteur Ernest Haeckel.

plir à merveille toutes les fonctions de la vie : ainsi il mange sans bouche, digère sans cavité digestive, excrète sans anus, se meut et se reproduit sans organes de locomotion et de reproduction. Impossible de concevoir un organisme plus simple, un mécanisme moins compliqué.

Ici plusieurs questions surgissent qu'il importe d'éclaicir dès à présent avant de poursuivre notre étude. Elles sont au nombre de trois et se résument ainsi :

1° Quelle est la matière qui compose ce premier de tous les organismes?

2° Comment sans organes peut-il accomplir toutes les fonctions de la vie?

3° Comment a-t-il pu se former?

A la première de ces questions la chimie nous apprend que la petite masse de matière qui compose le corps de ce petit organisme tout entier est du Protoplasme.

Qu'est-ce que le Protoplasme?

Le Protoplasme est un composé albuminoïde, c'est-à-dire de la nature du blanc d'œuf, formé par la combinaison de l'azote, du carbone, de l'hydrogène et de l'oxygène auxquels viennent s'associer le soufre et le phosphore.

Voilà les composants du protoplasme, de cette matière organique par excellence, principe vital, essence même de la vie, matière primordiale qui a présidé à la formation des deux règnes végétal et animal et qui ne saurait faire défaut dans aucun organisme, depuis la monère jusqu'à l'homme.

Si de la première question nous passons à la deuxième, il nous reste à savoir comment ce petit grumeau peut, sans organes, accomplir toutes les fonctions de la vie. Pour bien comprendre cela il suffit de nous rapporter aux lois de l'Endosmose et de l'Exosmose, lois d'après lesquelles, comme on sait, deux liquides d'une densité différente, séparés par une membrane organique ou un corps poreux, passent à travers cette membrane ou ce corps poreux et finissent par former un mélange intime.

On appelle Endosmose le courant qui s'établit du dehors au dedans;

Exosmose celui qui se produit du dedans au dehors.

Chez la monère, c'est par endosmose que l'intussusception, c'est-à-dire l'absorption ou alimentation se produit; c'est par exosmose que l'excrétion s'accomplit. Quant à sa reproduction par scission, elle n'est que le résultat naturel et logique de l'intussusception qui en produisant ici, comme partout ailleurs dans le monde organique, un accroissement de volume (accroissement qui à son tour s'explique par la propriété bien connue du peu de diffusibilité de l'albumine) donne lieu à un excédent des matières absorbées (endosmose) sur celles qui ont été éliminées (exosmose), lequel excédent de matières assimilées a pour conséquence une scission comme acte de reproduction.

Quant aux mouvements de la monère, ils sont dus aux contractions du protoplasme, lesquelles s'expliquent fort bien par la nature éminemment instable et inconstante de tous les composés carbonés albuminoïdes. C'est à cette instabilité qu'il faut faire remonter la cause de leur extrême contractilité.

Ainsi se trouvent expliquées mécaniquement toutes les fonctions de la vie chez le plus simple des organismes dont nous ayons connaissance jusqu'à présent.

Maintenant que nous avons vu que tous les phénomènes dont l'ensemble constitue la vie ne sont après tout que les propriétés chimico-physiques d'un composé semi-fluide albuminoïde appelé protoplasme et que le plus simple des organismes n'est qu'un grumeau microscopique de cette substance amorphe et homogène, il nous reste à voir comment ces grumeaux de protoplasme ou organismes primordiaux ont pu se former.

Cette troisième question est la plus facile de toutes : la poser c'est la résoudre.

En effet, le zoologiste, en découvrant la monère et en comblant par là la lacune entre les règnes organique et inorganique, et le chimiste, en nous donnant l'analyse du protoplasme, résolvent ainsi le problème de la vie qui, longtemps regardé comme insoluble, devient dès lors d'une enfantine simplicité.

Le problème se réduit à ceci : Qu'est-ce que la monère? C'est du protoplasme.

Qu'est-ce que le protoplasme? C'est un composé d'azote, de carbone, d'hydrogène, d'oxygène, de soufre et parfois de phosphore.

Comment ce protoplasme s'est-il formé? Il s'est formé comme tous les autres corps, simples ou composés, comme tout ce qui existe, en un mot, par l'affinité chimique ou attraction moléculaire qui n'est, comme nous avons vu, qu'une forme spéciale de l'attraction.

Voilà la solution du problème! C'est l'attraction qui a tout formé; c'est d'elle que proviennent toutes les autres forces, dont elles ne sont, du reste, que des émanations.

Sans l'attraction, aucun groupement moléculaire et par conséquent aucune combinaison chimique n'eût été possible; et sans combinaisons chimiques, les règnes minéral, végétal et animal ne sauraient exister un seul instant puisque la formation des solides, des liquides et des gaz, la vie des plantes et des animaux ne reposent et ne consistent que dans une série infinie de perpétuelles combinaisons chimiques.

C'est l'attraction qui, sous forme d'affinité chimique, combine sans cesse les éléments entre eux ; c'est elle qui transforme les continents en mers et les mers en continents, les montagnes en vallées et les vallées en montagnes ; c'est elle qui transforme la matière inorganique en matière organique et la matière organique en inorganique de nouveau ou, en d'autres termes, c'est elle qui donne la vie et qui cause la mort.

Tout change et se transforme dans la nature. Chaque période ascendante est fatalement suivie d'une période descendante. Chaque période descendante à son tour a pour conséquence une période ascendante.

Rien n'échappe à cette loi de transformations incessantes qui changent continuellement la surface du globe ainsi que les plantes et les animaux qui l'habitent.

Les forces de la nature, toutes dérivées

de l'attraction, sont éternellemeet occupées à un travail de destruction et de réédification. Les éléments qui composent la terre, l'eau et l'air entrent successivement dans la composition d'une plante, d'un animal pour devenir terre végétale (Humus), eau et air de nouveau.

Prouver que la matière organique est exclusivement composée d'éléments inorganiques, c'est prouver que la vie n'est qu'un phénomène purement chimico-physique et qu'il n'existe rien au monde de semblable à cette mystérieuse force vitale dont on nous parle tant et qu'on ne voit nulle part, dans quelque partie du règne végétal ou animal que ce soit, depuis les organismes primordiaux monocellulaires jusqu'aux organismes supérieurs polycellulaires des deux règnes.

Si la monère, le plus simple de tous les organismes, est exclusivement composée de protoplasme, voyons maintenant quels sont les matières qui entrent dans la composition des végétaux et des animaux supérieurs.

Dans les végétaux supérieurs, ce sont

d'abord des matières albumineuses, c'est-à-dire de la nature du protoplasme (albumine, gluten, caséine), et composées comme lui d'azote, de carbone, d'hydrogène, d'oxygène et de soufre. Puis viennent ensuite les matières amylacées, c'est-à-dire de la nature de l'amidon (cellulose, amidon, dextrine, inuline, gomme, pectine, bois, liège) qui, ainsi que la cire et les matières grasses (oléine, glycérine, stéarine) également contenues dans les plantes,sont toutes des composés non azotés contenant seulement les trois éléments carbone, hydrogène et oxygène.

Si,à toutes ces matières dites organiques qui, comme on le voit, malgré leurs noms bizarres, ne sont après tout que des composés d'azote, de carbone, d'hydrogène, d'oxygène et de soufre d'une part, puis de carbone, d'hydrogène et d'oxygène d'autre part, si, à toutes ces matières nous en ajoutons encore d'autres dites inorganiques et dont les plus communes et les plus répandues dans le règne végétal sont la potasse, la magnésie, la soude, la chaux, l'alumine, l'oxyde de fer, le chlore, les acides silicique, phosphorique etc., nous aurons, avec la chlorophylle qui est un corps gras analogue à la cire mais azoté, un tableau à peu près complet de tous les corps qui entrent dans la composition d'une plante supérieure.

Quant aux matières dont se compose un animal supérieur, un vertébré, la poule par exemple, nous n'avons qu'à examiner le contenu de son œuf duquel, comme on sait, le poulet tout entier se développe, pour connaître les matières dont elle est formée.

Dans cet œuf nous trouvons d'abord de l'eau, puis des matières analogues au protoplasme, c'est-à-dire contenant de l'azote, du carbone, de l'hydrogène, de l'oxygène, du soufre et du phosphore (albumine, vitelline, cérébrine) puis encore des composés ternaires, c'est-à-dire contenant seulement les trois éléments carbone, hydrogène et oxygène (cholestérine, oléïne, palmitine), enfin des matières grasses phosphorées, puis des pigments, du fer, de la silice (pour former les plumes), des chlorures d'ammonium, de sodium, de potassium, des phosphates de potasse et d'alumine.

Si nous brûlons cet œuf, dans ses cendres nous trouvons des chlorures de potassium et de sodium, de la potasse, de la soude, de la chaux, de la magnésie, de l'oxyde de fer, puis des acides phosphorique, carbonique, sulfurique et silicique.

Comme on le voit, dans le règne animal aussi bien que dans le règne végétal, parmi les animaux supérieurs comme parmi les végétaux supérieurs, les éléments qui composent les uns et les autres sont presque identiques. Dans l'un comme dans l'autre règne, si les composés qui les forment changent de nom, au fond, c'est toujours la même chose. C'est toujours l'azote, le carbone, l'hydrogène, l'oxygène, le soufre et le phosphore, ou bien seulement le carbone, l'hydrogène et l'oxygène qui, se combinant dans des proportions multiples et variables, forment les matières soi-disant organiques auxquelles viennent s'adjoindre des matières dites inorganiques qui varient suivant la nature du sol et le genre de plante ou d'animal.

Dans les plantes ce sont les composés ternaires (carbone, hydrogène et oxygène) qui dominent; chez les animaux ce sont les composés quaternaires(azote, carbone, hydrogène et oxygène).

Les uns et les autres proviennent du règne minéral.

De l'eau et de l'acide carbonique, la plante fabrique les premiers; de l'eau, de l'acide carbonique et de l'ammoniaque elle fabrique les seconds. De composés binaires elle fait des composés ternaires et quaternaires.

De la terre, de l'eau et de l'air, la plante extrait tous les éléments dont son corps est formé.

C'est elle qui transforme la matière inorganique en matière organique sans laquelle les animaux ne sauraient vivre.

Nous venons de voir quels sont les matériaux qui ont servi à la plante à former ses racines, son tronc, ses branches et ses feuilles; et au poulet à former ses os, ses chairs, ses plumes. Y a-t-il parmi ces éléments un seul qui n'existe libre ou combiné dans la croûte terrestre, dans l'eau ou dans l'atmosphère, c'est-à-dire qui n'appartienne pas au règne minéral ?

En présence des faits nous sommes bien obligés de reconnaître que non ; que la matière organique n'est autre chose que la matière inorganique organisée, puisque tous les éléments qui composent celle-là appartiennent exclusivement à celle-ci.

Pour bien faire comprendre que non-seulement la matière organique a pour composants des matières purement inorganiques, mais encore que la transformation de ces dernières en matière organiques n'est pas le produit d'üne force surnaturelle et mystérieuse, nous allons citer des faits qui le prouveront surabondamment.

Pendant longtemps on prétendait que la matière organique était totalement différente de la matière inorganique; que celle-là était le produit d'une soi-disant force vitale; que seuls les organismes étaient en état de la produire et que la preuve se trouvait dans le fait que la science était impuissante à faire la synthèse d'une matière organique quelconque avec des substances purement inorganiques.

La science mise au défi releva le gant, et de nos jours on n'est plus à compter le nombre de substances organiques exclusivement produites avec des matières purement inorganiques.

Ce fut d'abord l'urée, qui est la base de l'urine; l'acide formique, qui se trouve dans la sueur, dans les sécrétions de la rate et du pancréas, dans les muscles, le cerveau, le sang etc.; l'acide acétique, bien connu sous le nom de vinaigre; le gaz des marais, qui est un produit de la décomposition végétale; l'acétyline, le gaz oléfiant, l'alcool de vin et tous ses dérivés : alcools propylique, butylique, amylique etc. Du premier de ces trois alcools on obtient aussi par oxydation l'acide propionique, puis de ce dernier l'acide lactique. Enfin la chimie produit encore artificiellement la glycérine, puis la taurine, cette substance d'une si grande complexité qui provient principalement de la bile.

Nous produisons encore bien d'autres matières organiques dans nos laboratoires, mais celles que nous avons citées suffisent pour bien faire comprendre combien se trompaient ceux qui attribuaient à l'intervention d'une force mystérieuse la production d'une matière organique et affirmaient que cette production était le privilège exclusif des plantes et des animaux.

La vie n'est donc, comme nous avons déjà dit, qu'un phénomène purement chimico-physique dont l'origine remonte à la première formation d'un grumeau de protoplasme (monère), c'est-à-dire à la première combinaison chimique de l'azote, du carbone, de l'hydrogène, de l'oxygène, du soufre et du phosphore. C'est aux propriétés chimico-physiques de ce protoplasme que nous donnons le nom de vie. C'est ce grumeau de protoplasme qui forme la base des deux échelles végétale et animale divergentes qui se partagent le monde organisé. Ces deux échelles, qui à leur naissance se confonden s'éloignent de plus en plus l'une de l'autre à mesure que nous en gravissons les échelons.

S'il est une tâche au monde qu'aucun profane n'hésiterait à assumer, c'est assurément celle qui consisterait à distinguer une plante d'un animal. Rien au monde cependant n'est plus difficile.

Ah! s'il s'agissait d'établir une distinction entre les végétaux supérieurs et les animaux supérieurs, la tâche serait facile. Tout le monde sait, par exemple, qu'un arbre est une plante et qu'un cheval est un animal. Mais si nous descendons aux organismes inférieurs (Protistes), personne ne sait plus si ces organismes doivent être classés dans le règne végétal ou dans le règne animal, car il n'existe aucun caractère exclusif et particulier capable de faire distinguer s'ils appartiennent à l'un ou à l'autre règne : toutes les tentatives qui ont été faites jusqu'ici, pour établir une distinction entre eux, ont piteusement échoué les unes après les autres. C'est même en raison de cette insurmontable difficulté que d'éminents naturalistes ont proposé de former un règne à part, intermédiaire entre les règnes végétal et animal, dans lequel seraient placés tous les organismes douteux ayant des droits égaux aux deux règnes.

Ni l'absence d'une cavité digestive, d'un système nerveux, ni la forme, ni la composition chimique, ni la présence de cellulose et de chlorophylle, ni le pouvoir de locomotion pas plus que la nature de l'alimentation ne distinguent, à l'aurore de la vie, les plantes des animaux.

En effet, un minutieux examen nous démontre qu'un grand nombre de protozoaires, semblablement aux végétaux, ne possèdent ni cavité digestive, ni système nerveux; que beaucoup de plantes, quelques algues, par exemple, ont une forme semblable aux infusoires; que les matières azotées ne sont pas une propriété exclusive du règne animal (témoins l'albumine, le gluten et la caséine des plantes); que ni la présence de cellulose ou de chlorophylle, ces deux substances qui furent si longtemps regardées comme strictement végétales, n'établissent davantage une distinction entre les plantes et les animaux, puisque l'on trouve jusqu'à 60 o/o de cellulose chez les mollusques ascidiens et de la chlorophylle parmi les infusoires (Englena, Stentor) et les hydrozoa (Hydra viridis) ; que le pouvoir de locomotion n'est pas limité au règne animal puisque les myxomycètes, les schizomycètes, les spores des algues et des champignons se meuvent, nagent et changent de place à volonté tandis que de véritables animaux (Polypes) passent leur vie fixés aux rochers comme les plantes ; qu'enfin la nature de l'alimentation n'est pas un guide plus sûr que les autres dans la classification puisque, contrairement aux autres végétaux dont la nourriture, comme on sait, est exclusivement inorganique, les champignons, qui sont cependant des plantes, ainsi que bien d'autres végétaux parasites dépourvus de chlorophylle (Cuscutes, Orobanches, Balanophores, Rhizanthes) vivent comme les animaux de matières organiques et sont absolument hors d'état de fabriquer leurs composés ternaires (sucre, amidon) avec l'eau et l'acide carbonique, et leur albumine avec les sulfates et l'ammoniaque.

Il n'y a donc, à proprement parler, aucun signe caractéristique, permanent, immuable, qui établisse d'une manière distincte et absolue le caractère végétal ou animal des organismes primordiaux.

Pourquoi ce signe caractéristique fait il défaut?

La raison en est bien simple ; c'est parce qu'au début les deux règnes n'en font qu'un, celui des Protistes, et que ce n'est que plus tard, lorsque la matière (protoplasme) a évolué dans le sens végétal ou animal, que la divergence s'établit et qu'il est question des deux règnes pour la classification.

Ces Protistes ou organismes primordiaux, ni végétaux, ni animaux, constituent de véritables anneaux intermédiaires entre le règne minéral d'une part et les règnes végétal et animal d'autre part. Ils nous montrent la vie sous sa forme la plus simple et nous apprennent que les phénomènes vitaux ne sont que les propriétés chimico-physiques inhérentes aux corps albuminoïdes.

La présence de ces protistes nous démontre combien ont été modestes les débuts de la vie sur notre planète et combien a dû être longue la transformation de ces organismes monocellulaires, souche unique de tous les végétaux et animaux, en organismes polycellulairès.

Comment ces changements se sont-ils effectués? Comment ces modifications se sont-elles produites? Comment ces organismes primordiaux ont-ils pu donner naissance à tous les autres? C'est ce que nous allons voir.

Avant tout, il est nécessaire de bien se pénétrer d'une chose, c'est que ces changements n'ont pas eu lieu en un jour. Les époques géologiques, pendant lesquelles la croûte terrestre s'est formée, sont incommensurables. Si nous calculons d'après les sédiments ou dépôts qui se forment de nos jours, c'est par millions et millions d'années qu'il nous faudrait compter. L'exhaussement qui se fait en un siècle est tellement insignifiant que l'on est parfaitement autorisé à assigner non des millions mais bien des billions d'années à la formation d'une croûte dont l'épaisseur totale est d'environ 130.000 pieds.

C'est pendant cette période incommensurable de temps et sous l'influence de trois facteurs : l'Alimentation, l'Adaptation et l'Hérédité, que les organismes primordiaux ont évolué et formé, en passant par des gradations infinies, toutes les espèces animales et végétales fossiles et actuelles.

C'est au premier de ces trois facteurs, à l'Alimentation, que nous devons la modification chimique du protoplasme chez les organismes primordiaux et, par là, les premiers changements survenus dans l'état de ces organismes.

La modification chimique du protoplasme chez les organismes primordiaux n'a pu s'opérer, comme nous avons déjà eu occasion de le voir, que par voie d'endosmose ou, si l'on veut, par imbibition, seul moyen dont pouvaient disposer ces organismes élémentaires pour s'alimenter, puisqu'ils étaient dépourvus de bouche.

L'absorption, à travers la membrane de ces petites masses albuminoïdes, de nouveaux éléments contenus en dissolution dans le milieu ambiant n'a pas tardé à modifier la nature chimique primitive de leur protoplasme. Ces nouveaux éléments une fois introduits dans l'organisme se sont associés suivant leur degré d'affinité chimique (assimilation) donnant lieu ainsi à un nouveau groupement moléculaire qui a eu pour conséquence un changement de structure. Ce changement de structure a été la transformation des organismes monocellulaires en organismes polycellulaires.

Personne n'ignore que tout changement de structure produit un changement correspondant de fonctions.

Les fonctions si diverses de l'alimentation, de l'excrétion et de la reproduction qui, chez les organismes monocellulaires, étaient naturellement toutes accomplies par une seule et même cellule, arrivent chez les organismes polycellulaires à être réparties à des cellules spéciales qui, se différenciant en organes, se divisent le travail primitivement effectué par une seule cellule et, de cette façon, concourent toutes, chacune dans leur sphère, au maintien de l'organisme.

C'est donc l'introduction de nouveaux éléments dans la masse albuminoïde des organismes primitifs qui en a modifié la nature chimique et, par là même, la structure et conséquemment les fonctions. C'est à ce nouveau groupement moléculaire qu'il faut attribuer la formation des deux plus anciens organes : les racines chez les plantes et la bouche chez les animaux.

L'apparition de ces nouveaux organes a dû profondément modifier la nature des organismes qui en étaient pourvus. La rapidité de l'ingestion, la facilité de l'assimilation et surtout l'accessibilité d'éléments toujours plus divers, d'aliments toujours plus variés ont dû faire faire des pas de géant dans l'échelle des êtres aux heureux possesseurs de ces appareils perfectionnés. La formation d'un tube alimentaire et d'un anus chez les animaux n'était plus qu'une question de temps.

En effet, la cavité primitive faisant fonction de bouche, à force de recevoir et d'admettre des aliments d'un volume toujours plus considérable, n'a pas tardé à se creuser graduellement ; c'est ainsi qu'après la bouche s'est formée la cavité digestive. L'organisation alors s'est composé de deux feuillets différents, l'un interne ou Entoderme et l'autre externe ou Exoderme, le premier pour tapisser la bouche et la cavité digestive, le second pour recevoir et protéger le corps tout entier. De ces deux feuillets naissent, comme nous verrons plus tard, tous les autres organes et appareils de la vie végétative et animale : les glandes, les muscles, le système vasculaire, le système nerveux, le squelette interne (chez les vertébrés) etc.

Avec ces nouveaux organes (Bouche et Cavité digestive) le mode d'intussusception a subi une légère modification.

Tandis que chez les organismes primitifs l'intussusception s'opère par endosmose directe entre le milieu ambiant et l'organisme, chez les animaux d'un degré plus élevé les aliments pénètrent d'abord par la bouche dans la cavité digestive pour passer ensuite, *par endosmose*, dans les vaisseaux à travers la membrane qui tapisse le tube alimentaire.

Le principe, on le voit, demeure essentiellement le même chez les animaux supérieurs comme chez les animaux inférieurs. C'est toujours par endosmose que s'opère la nutrition.

Les premières masses albuminoïdes qui se sont attachées à un corps solide sur lequel elles ont grandi et continué de vivre par endosmose sont devenues les premières plantes caractérisées (Siphonées, Saprolégniacées). Les premiers grumeaux de protoplasme à la périphérie desquels une petite concavité ou excavation s'est formée, sont devenus les premiers animaux caractérisés (Infusoires). En d'autres termes, les premiers organismes qui ont formé les premières plantes caractérisées sont ceux qui, en se fixant à un lieu quelconque, ont développé des racines et continué de croître par endosmose directe ; ceux qui, au contraire, ont formé les premiers animaux caractérisés sont ceux à la périphérie desquels s'est formée une concavité ou bouche servant à l'introduction des aliments.

Les monères, amibes, diatomes, mixomycètes, schizomycètes, etc. sont des organismes neutres n'appartenant pas plus au règne végétal qu'au règne animal; ce n'est que lorsque nous arrivons aux siphonées et aux infusoires que nous sommes sûrs d'avoir affaire à de véritables plantes et à de véritables animaux parfaitement caractérisés.

Si des siphonées parmi les plantes et des infusoires parmi les animaux, nous remontons de plus en plus les échelons de l'échelle organique, nous nous trouvons en présence d'animaux et de plantes ayant des titres de plus en plus indiscutables à l'un ou à l'autre règne. Mais, nous le répétons encore une fois, car le fait est d'une importance extrême, le point de départ du règne animal et du règne végétal est le même. Les deux échelles si divergentes au sommet se rejoignent à la base pour se confondre; elles prennent toutes deux naissance dans le règne des protistes, c'est-à-dire dans le règne de ces organismes neutres dont la monère nous offre le type le plus simple et le plus primitif.

La transformation des organismes monocellulaires en organismes polycellulaires, la spécialisation ou différenciation des cellules en organes, les changements de formes qui en furent la conséquence, ne sont naturellement pas exclusivement dus à la modification chimique opérée dans le protoplasme primitif. La modification chimique n'a fait que rendre possible l'entrée en scène d'un deuxième facteur, sous l'influence duquel les organismes se sont transformés comme par magie. Ce deuxième facteur c'est l'Adaptation.

Que l'on n'aille pas croire, cependant, que ces deux facteurs aient agi séparément sur les organismes, qu'une fois l'œuvre de l'un terminée, l'autre se mettait à la besogne. Ce serait une erreur capitale, ce serait vouloir séparer la force de la matière, la physique de la chimie. Non, c'est bien ensemble, l'un à côté de l'autre, de pair, qu'ils ont fait tour à tour sentir leur influence respective. De la composition chimique des organismes a dépendu leur aptitude à s'adapter à de nouveaux milieux.

Par nouveaux milieux nous entendons

les nouvelles conditions d'existence imposées aux plantes et aux animaux par les changements continuels que subit la croûte terrestre.

Nous avons déjà vu (chap. I) les continents devenir mers et les mers continents, les montagnes s'élever et se niveler, les vallées se creuser et se remplir etc., comment enfin la surface du globe est constamment bouleversée et modifiée sans cesse.

Comme on le pense bien, tous ces changements n'ont pu s'opérer sans amener des changements correspondants dans le genre de vie animale et végétale. Telle plante ou tel animal, qui jusqu'alors avait vécu dans l'eau, a pu se voir brusquement obligé de vivre sur la terre ferme; tel autre, habitué à une haute température, à un climat sec et ensoleillé, a pu être exposé à l'humidité et au froid.

Si, à ces changements géologiques et climatériques, indépendants de la volonté des individus auxquels ils s'imposent, nous ajoutons encore les migrations vers de nouveaux climats que les membres de certaines espèces sont obligés d'entreprendre dans le but de rechercher les aliments nécessaires à leur existence qui, dans la terrible lutte et concurrence que se font les individus d'une même espèce, sont devenus trop rares sur le sol natal, nous aurons alors une idée à peu près complète des difficultés qu'ont eu à surmonter les organismes dans la lutte pour l'existence.

S'adapter ou périr, telle est la loi inexorable de la nature.

Des espèces qui ont péri, la paléontologie nous en fait l'historique; de celles qui se sont adaptées, nous en voyons actuellement les descendants.

S'adapter veut dire trouver le moyen de vivre dans des conditions auquelles on était jusqu'alors inaccoutumé. S'adapter signifie se mettre en harmonie avec le nouveau milieu dans lequel on est condamné à vivre.

Or, se mettre en harmonie, c'est se modeler aux nouvelles circonstances, c'est se modifier; et toute modification interne a pour résultat un changement externe, c'est-à-dire morphologique ou de forme.

La loi de l'adaptation, loi qui nous explique mécaniquement les changements de forme, est, du reste, d'une grande simplicité. Elle se résume en deux mots :

Plus on fait usage d'un organe, d'un membre ou d'une faculté, plus cet organe, ce membre ou cette faculté se développe, c'est-à-dire progresse et se perfectionne. Moins, au contraire, il est fait usage de cet organe, de ce membre ou de cette faculté plus il ou elle s'affaiblit et s'achemine vers une disparition totale. C'est, en somme, une loi exclusivement basée sur l'utilité. C'est l'emploi ou le défaut d'usage de telle ou telle pièce de la machine qui, selon le cas, la fait se développer ou disparaître.

Supposons qu'un organe ou un membre soit utile à tel animal pour se procurer sa nourriture, se mouvoir etc. et que par suite du changement de milieu cet organe ou ce membre ait cessé d'être d'aucune utilité pratique, qu'adviendra-t-il ? Il adviendra que cet organe ou ce membre, par suite du manque d'usage, s'atrophiera graduellement de génération en génération et finira par disparaître soit complètement soit seulement en partie, c'est à-dire en laissant encore des traces de son existence (organes rudimentaires).

Ces organes rudimentaires atrophiés par le manque d'usage n'étant plus d'aucune utilité possible pour leur possesseur se retrouvent encore chez une foule d'animaux. Pour n'en citer que quelques-uns, nous signalerons notamment les membres postérieurs chez certains serpents (Python, Boa) et chez les cétacés ; chez les orvets (Anguis) la charpente osseuse de l'épaule ainsi que des yeux qui ne voient pas ; les ailes chez les autruches ; les muscles moteurs de l'oreille chez l'homme, les lapins béliers, les chiens de chasse, de terre-neuve etc. ; la queue et le repli semi-lunaire chez les singes anthropoïdes et chez l'Homme etc.

Voilà les effets du manque d'usage de certains organes.

L'usage, au contraire, de certains autres les a développés, améliorés, changés complètement. C'est ainsi que nous voyons les nageoires des poissons s'adapter à la vie terrestre et se transformer en pattes (reptiles) ou s'adapter à la vie aérienne et devenir des ailes (oiseaux) ; la vessie natatoire des poissons se transformer en poumons (amphibies) ; la respiration pulmonaire se substituer à la respiration branchiale (tritons, grenouilles) etc. etc.

Décrire toutes ces tranformations serait faire l'historique du règne animal et du règne végétal tout entiers, car les plantes n'en sont point exemptes.

Comme nous l'avons déjà fait remarquer, tous ces changements ont été fort lents et ont occupé une période de temps incommensurable.

Des millions et des billions d'années ont dû certainement s'écouler, des millions et des billions de générations ont dû paraître et disparaître avant que la nature présentât à nos yeux les innombrables diversités d'organismes que nous observons dans les règnes végétal et animal.

Que de combinaisons chimiques ont

dû se succéder pour modifier le protoplasme primitif et métamorphoser graduellement les organismes primordiaux en végétaux et animaux supérieurs !

Ce que le premier facteur (l'alimentation ou modification chimique) et le deuxième facteur (l'adaptation) ont fait au point de vue de la diversité des espèces, a toujours été combattu par un troisième facteur qui s'est efforcé sans cesse de maintenir leur fixité. Ce troisième facteur, c'est l'Hérédité.

Un fait bien connu, même des plus profanes en physiologie, est que les semblables engendrent leurs semblables, bien que, rigoureusent parlant, rien ne soit plus faux au monde, puisque 1° chez certains animaux, les méduses par exemple, il y a alternation de génération (métagenèse), ou en d'autres termes que seuls les petits enfants ressemblent à leurs grands parents, tandis que la première génération est entièrement dissemblable de ceux-ci ; et que 2° il n'y a aucun organisme au monde qui ne diffère, ne serait-ce que tant soit peu, de l'organisme progéniteur.

A part cela, l'affirmation est parfaitement correcte, sinon dans ses détails, du moins dans son ensemble, car c'est à l'hérédité que nous devons le maintien des espèces ou leur fixité, fixité toute relative puisque, comme nous l'avons déjà vu, sous la double influence de l'alimentation et de l'adaptation, à laquelle vient se joindre dans chaque famille la divergence individuelle, les espèces, comme tout ce qui existe, du reste, varient sans cesse.

La fixité des espèces reconnaît donc l'hérédité pour cause; leur propagation ou perpétuation reconnaît l'acte de reproduction comme moyen.

De ce qui précède il s'ensuit que les individus qui se sont adaptés aux nouveaux milieux, les plus aptes, les mieux doués, les mieux organisés dans la lutte pour l'existence, qu'à ceux-là seuls il a été donné de reproduire leur espèce.

De tous les phénomènes, celui de la reproduction sexuelle a, de tous temps, excité le plus d'intérêt et d'admiration.

La singulière ressemblance entre les enfants et les parents, la transmission,

dans la majorité des cas, de leurs moindres particularités physiques et morales, de leurs vertus et de leurs défauts, de leur robuste constitution ou de leurs maladies, ont fourni un thème inépuisable à ceux dont la douce et inoffensive manie est de voir du surnaturel partout. Cette ressemblance qui, pour les personnes portées au surnaturel, est un véritable mystère n'a cependant rien que de fort naturel quand on considère le sujet terre à terre avec les yeux du bon sens et de la science, au lieu de fermer les paupières et de se mettre à crier au miracle en décernant à Dieu une médaille de plus.

A ceux qui trouvent mystérieuse la ressemblance entre les enfants et les parents, il ne leur a probablement jamais passé par l'esprit que la dissemblance serait mille fois plus mystérieuse encore.

On sait que la reproduction sexuelle s'opère par la réunion et le mélange intime de deux principes générateurs : le pollen et l'ovule chez les plantes, le sperme et l'œuf chez les animaux. Or, que sont ces principes générateurs? Ce sont de véritables extraits chimiques contenant sous un volume extraordinairement petit tous les éléments avec lesquels sont formés les organismes producteurs.

Ceci compris, on ne verra rien d'extraordinaire dans le fait que les enfants ressemblent aux parents puisque les matières qui ont servi à la formation de ceux-là sont identiques à celles dont sont composés ceux-ci.

Du reste, il n'est pas un seul d'entre nous qui n'ait eu l'occasion d'observer que cette ressemblance entre enfants et parents se réduit tout simplement à un certain air de famille et que, en réalité, entre plusieurs membres d'une même famille, il n'y a pas deux individus qui se ressemblent absolument. Ce n'est guère que chez les organismes les plus inférieurs que nous trouvons une ressemblance absolue entre les individus d'une même espèce. Mais il est évident que nous sommes ici victimes d'une erreur d'optique, que cette similarité n'est qu'apparente, que cétte ressemblance que nous croyons découvrir n'est qu'une preuve de l'impuissance de nos yeux à distinguer de subtiles divergences.

En réalité, il n'y a donc pas deux individus au monde qui se ressemblent absolument en tout et pour tout, physiquement et moralement. Pourquoi ?

Parce que les organismes, sous l'influence de l'alimentation ou de l'adaptation, se modifient sans cesse durant leur vie et que leur composition chimique n'est jamais, soit qualitativement soit quantitativement, une minute après ce qu'elle était une minute auparavant. De là les divergences physiques et morales que l'on observe entre les enfants et les parents, divergences qui ne sont que les conséquences logiques des changements survenus durant le cours de leur existence chez les organismes producteurs qui, lors de l'acte de la reproduction, ne font que transmettre à l'enfant l'état actuel dans lequel ils se trouvent eux-mêmes au moment de la fécondation.

L'enfant représente donc fidèlement la composition chimique des parents à l'époque de la procréation.

La prépondérance chez l'enfant des qualités ou particularités paternelles plutôt que maternelles ou *vice versa* est tout simplement le résultat de la prédominance de l'élément mâle sur l'élément femelle ou de l'élément femelle sur l'élément mâle au moment de la fécondation. De cette prédominance d'un élément sur un autre provient également la dissemblance des petits issus d'une même portée.

C'est donc à la triple influence de l'alimentation (modification chimique), de l'adaptation et de l'hérédité que nous devons les variétés infinies du règne végétal et animal. C'est cette triple influence qui a tout modelé, ramifié, façonné. C'est elle qui a fait que le poisson nage, que l'oiseau vole, que le serpent rampe, que l'homme parle.

Malgré cela, gardons-nous bien cependant de la déifier, car elle n'est que le corollaire nécessaire, l'expression absolue, la compagne inséparable de la matière et a nom : Force.

Tous les remarquables phénomènes dont nous venons de parler et dont l'ensemble constitue la vie sont interrompus à un certain moment par un autre phénomène non moins remarquable qui s'appelle la mort et auquel aucun organisme ne peut se soustraire. Qu'est-ce que la mort?

La mort c'est la restitution à la nature, sous forme d'acide carbonique, d'ammoniaque, d'eau et de sels, des matières à elle prises par les organismes durant leur vie ou, pour parler plus exactement, c'est la libération des éléments assimilés par ceux-ci de leur vivant.

En mourant, la plante ou l'animal rend à la terre, à l'eau et à l'air tous les éléments qu'il leur avait empruntés pendant sa vie; tout comme le rocher qui après s'être formé au fond des mers est, aussitôt qu'il émerge de la surface des eaux, rongé par celles-ci qui lui reprennent les matières dont elles l'avaient formé.

La mort, ainsi que la vie, est un phénomène purement chimico-physique, nécessaire et logique. Elle est causée par le déplacement d'un atome d'hydrogène (mort normale) ou par l'introduction d'un atome d'oxygène (mort par oxydation) dans le groupement moléculaire du protoplasme vivant[1].

Les groupes des aldéhydes (molécules formées de carbone, d'hydrogène et d'oxygène) du protoplasme, bien connus par leur extrême instabilité et leur extraordinaire mobilité, semblent jouer le rôle le plus important dans les mouvements du protoplasme.

Le déplacement d'un atome d'hydrogène ou l'introduction d'un atome d'oxygène (celui-ci produisant un acide) suffit pour détruire le groupe des aldéhydes. La destruction de ce groupe et l'apparition d'un acide supprime le mouvement du protoplasme. Cette immobilité, c'est la mort. Elle n'est, comme on voit, que le résultat d'une simple modification dans la composition chimique du protoplasme.

La décomposition est le corollaire de ce nouvel état de choses. C'est la libération des atomes d'azote, de carbone, d'hydrogène et d'oxygène qui composent le pro-

[1] Loew et Bokorny.

toplasme. C'est la désagrégation des parties constituantes des tissus et du squelette. C'est en un mot la dissociation de tous les éléments qui composèrent le corps, lesquels éléments retournent à la nature, soit pour rentrer dans le règne minéral et faire partie d'une roche par exemple, soit pour pénétrer dans les règnes végétal et animal et entrer de nouveau dans la composition des plantes et des animaux.

Pour nous résumer, d'après ce qui précède, il résulte que

1° La matière organique ne diffère en aucune façon de la matière inorganique puisque toutes les parties constituantes de celles-là appartiennent exclusivement à celle-ci ;

2° Que la vie, loin d'avoir dans son origine une cause surnaturelle, n'est qu'un phénomène d'un ordre purement chimico-physique reposant sur des changements moléculaires propres et inhérents à une matière albuminoïde appelée protoplasme formée, comme tous les autres corps, par l'affinité chimique (attraction) et composée d'azote, de carbone, d'hydrogène, d'oxygène, de soufre et de phosphore; que ce protoplasme, de même que tous les corps fluides ou semi-fluides, a subi la loi de l'endosmose et de l'exosmose en vertu de laquelle le peu de diffusibilité de son albumine lui a permis d'avoir un excédent d'absorption (endosmose) sur l'excrétion (exosmose) et que de cet excédent est résultée la croissance et par suite la reproduction par scissiparité des organismes primordiaux.

3° Que les organismes primordiaux ou protistes, sous l'influence de l'alimentation qui les a modifiés chimiquement, de l'adaptation qui les a changés de forme, et de l'hérédité qui a maintenu une fixité relative des espèces, ont donné naissance à toutes les espèces végétales et animales, fossiles ou actuelles, que nous voyons aujourd'hui.

4° Que la mort est un phénomène également chimico-physique provenant du déplacement d'un atome d'hydrogène ou de la formation (par l'introduction d'un atome d'oxygène) d'un acide en lieu et place des aldéhydes, et que ce changement, en modifiant le groupement moléculaire du protoplasme, a pour conséquence de supprimer le mouvement qui lui est propre et pour résultat la mort.

L'ensemble de tous ces faits nous démontre d'une manière claire et frappante que l'affinité chimique ou attraction moléculaire qui n'est en somme, comme nous avons déjà vu, qu'une forme spéciale de l'attraction, que l'affinité chimique, disons-nous, a formé la matière dite organique appelée protoplasme (plantes et animaux) de la matière inorganique (minéraux) et que du groupement particulier des atomes d'azote, de carbone, d'hydrogène, d'oxygène, de soufre et de phosphore émane le phénomène que nous appelons vie (pas de force sans matière, pas de matière sans force !); que, en vertu de cette affinité chimique, le minéral passe dans le corps d'une plante ou d'un animal pour faire ensuite partie du sol, de l'eau ou de l'air et passer, de là, dans une plante ou dans un animal de nouveau ; et que par conséquent cette attraction moléculaire ou affinité chimique (attraction) fait tourner sans cesse minéraux, végétaux et animaux dans un vaste cercle appelé nature, dans lequel rien ne rentre, duquel rien ne sort et dans l'intérieur duquel tout se transforme.

Ayons donc toujours présent à l'esprit que rien ne se perd, que rien ne disparaît, que la matière et la force sont indestructibles, c'est-à-dire sans fin et, par cela même, sans commencement.

IV

L'HOMME

Si les faits énoncés dans les deux chapitres précédents veulent dire quelque chose, ils signifient assurément que la matière est éternelle et que l'affinité chimique (attraction) est la force qui a groupé certains éléments pour en former une matière appelée protoplasme de laquelle dérivent les plantes et les animaux dont le corps, quelque compliquée qu'en soit la composition chimique, n'est après tout composé que de matières minérales (métaux et métalloïdes) avec lesquelles, du reste, tout est formé, et en dehors desquelles nous ne connaissons absolument rien.

Si nous avons séparé l'homme des animaux, c'est, comme nous avons dit plus haut, en raison de son importance et non parce qu'il appartient à un règne différent.

En effet, il n'est pas de nos jours un naturaliste digne de ce nom qui ne classe l'homme parmi les vertébrés de l'ordre des mammifères placentaliens ; il n'en est que fort peu (et moins il y en aura, mieux la science s'en trouvera) qui lui attribuent encore une origine spéciale se basant, il est vrai, plutôt sur des considérations d'ordre moral que sur des raisons d'ordre physique. Passons d'abord à l'examen de celles ci, nous examinerons plus tard la valeur de celles-là.

En quoi, anatomiquement, l'Homme diffère-t-il des autres mammifères placentaliens et en particulier des singes anthropoïdes ou grands singes catarrhinins sans queue de l'ancien monde ? Est-ce par son évolution pendant la période embryonnaire? Est-ce par une conformation différente de son corps ?

A la première de ces questions c'est l'embryologie qui nous répond ; à la deuxième c'est l'anatomie comparée. Voyons d'abord ce que nous apprend l'embryologie.

Les animaux se reproduisent soit par scissiparité, soit par gemmation (bourgeonnement), soit par acte sexuel, c'est-à-dire par la semence et l'œuf.

A cette dernière catégorie appartient l'homme qui la partage en commun avec tous les vertébrés et avec une foule d'invertébrés.

L'œuf humain [1], semblablement à celui de tous les autres mammifères, se compose d'une membrane remplie de protoplasme dans lequel se trouve (comme chez les Amibes) un noyau (Nucleus) à l'intérieur duquel s'en trouve un autre (Nucleolus). L'homme ne forme alors qu'une simple cellule. Ensuite cette cellule se scinde (toujours comme le font les Amibes pour se reproduire) en deux cel-

[1] C'est aux remarquables travaux du docteur Ernest Haeckel que nous devons la plupart des matériaux qu nous ont servi à traiter la présente question ainsi que celles qui ont trait à la géologie, la botanique, la zoologie et la paléontologie,

lules absolument semblables et possédant chacune un Nucleus et un Nucléolus qui, du reste, accompagnent toutes les cellules au fur et à mesure qu'elles se forment. Ces deux cellules se scindent de nouveau en quatre, puis en huit, seize, trente-deux etc., etc., jusqu'à ce que ces scissions réitérées aient donné à l'œuf l'aspect d'une sphère en forme de mûre. Ici se produit une concentration de cellules vers la périphérie de la sphère. Ce groupement de cellules vers la périphérie transforme la sphère, de compacte qu'elle était, en sphère creuse ou à proprement parler en une vésicule (vésicule blastodermique) qui se remplit d'un liquide. Sur un point de la membrane (membrane proligère) formant cette vésicule, par une multiplication plus rapide des cellules qui la composent, se produit un épaississement en forme de disque : c'est la formation de l'embryon. Celui-ci après avoir eu la forme d'un disque, puis d'une ellipse, prend enfin celle d'un biscuit composé de quatre membranes homogènes unies entre elles et appelées les quatre feuillets germinatifs.

Arrivé à ce point, il est impossible de distinguer l'embryon de l'homme de celui d'un mammifère, d'un oiseau, d'un reptile, d'un amphibie ou d'un poisson.

Ces quatre feuillets germinatifs jouent chacun un rôle important dans le développement de l'embryon : ce sont eux qui vont fournir les matériaux nécessaires à sa construction. Ainsi de l'exoderme ou feuillet externe se formeront graduellement l'épiderme (glandes sudorifères et sébacées, cheveux, ongles) et le système nerveux (moelle épinière, cerveau). De l'entoderme ou feuillet interne proviendront le tube alimentaire, puis les poumons, le foie etc. Des deux feuillets intermédiaires placés entre l'exoderme et l'entoderme se différencieront le squelette, les muscles, les nerfs, les vaisseaux sanguins etc. Mais, n'anticipons pas, et revenons au biscuit qui représente l'embryon.

A ce moment apparaît dans le disque, un petit sillon ou rainure qui le divise de bas en haut, c'est-à-dire dans le sens de la longueur, en deux moitiés égales. C'est alors qu'à droite et à gauche de cette rainure le feuillet externe se soulève, que ses deux extrémités grandissent, puis se rencontrent, recouvrant ainsi la rainure primitive. Ainsi se trouve formé le tube médullaire ou tube renfermant la moelle épinière. La formation de ce tube est immédiatement suivie d'étranglements dans sa partie antérieure. Cette partie antérieure du tube, c'est le cerveau ; ces étranglements sont les commencements de la différenciation en cerveau antérieur, cerveau moyen et cervelet. La partie postérieure de ce tube ne semble subir aucun changement : c'est la queue.

Ici encore, il est tout à fait impossible, tant est grande la ressemblance, de savoir si l'on a en face de soi l'embryon d'un reptile, d'un oiseau ou d'un homme. On sait que l'on se trouve en présence de l'embryon d'un individu appartenant à l'une de ces trois classes ; mais voilà tout.

L'évolution progressant, nous voyons se former chez l'embryon des arcs branchiaux semblables à ceux des poissons, puis deux paires de membres, sorte de moignons aplatis en forme de membranes natatoires (car les doigts ne se sont pas encore différenciés) et enfin l'appendice caudal ou queue qui, cette fois, a progressé en longueur.

Tous les vertébrés évoluent de la même façon et passent par les mêmes phases. L'homme ne fait pas exception à cette règle ; son évolution embryonnaire débute absolument comme celle de tous les animaux en général et comme celle de tous les vertébrés en particulier.

A la période où nous venons de le quitter, l'embryon humain a des branchies, des membres en forme de nageoires et une queue. Cette dernière, ne lui en déplaise, il la possède toute sa vie, bien qu'à l'état rudimentaire : elle s'appelle le coccyx (os coccygis) et on peut le voir chez tout squelette humain de l'un ou de l'autre sexe.

A partir de ce moment, l'embryon se rapproche de plus en plus de la forme définitive avec laquelle il doit naître. Ainsi les arcs branchiaux disparaissent graduellement pour former les maxillaires et les organes de l'ouïe; la queue va en diminuant de longueur; le cerveau antérieur arrive à prédominer sur le cerveau moyen et le cervelet, etc. Il en est de même des autres organes qui se différencient tous graduellement de la même manière.

Voilà les phases par lesquelles nous passons pendant la période embryonnaire. Dans la première partie de cette période, ces phases sont en tous points semblables à celles par lesquelles passent tous les animaux invertébrés ou vertébrés; dans la seconde partie, elles sont absolument analogues à celles traversées par n'importe quel vertébré. Si grande est la ressemblance entre les embryons, que, pendant un espace de temps considérable, nul ne peut dire s'il est en présence d'un reptile, d'un oiseau ou d'un homme.

Cette similitude dans l'évolution n'estelle pas la plus grande preuve que l'on puisse fournir de la communauté d'origine de l'homme et des animaux? Nous croyons difficile qu'il soit possible d'en fournir une plus convaincante.

Si nous quittons l'embryologie avec ses phases qui nous indiquent la provenance de tous les organismes en leur faisant revêtir successivement en un temps extraordinairement court toutes les formes par lesquelles ont passé leurs ancêtres pendant des millions d'années, car l'évolution embryonnaire n'est autre chose qu'une récapitulation générale des formes ancestrales de l'embryon, si nous quittons l'embryologie, disons-nous, et si avant de passer à l'anatomie comparée nous nous tournons vers la paléontologie, nous allons voir cette dernière science corroborer de tous points les témoignages de la première.

La Paléontologie est la science qui nous fait assister à l'apparition sur la terre des différentes espèces végétales et animales qui se sont succédé et, à la vérité, dans le même ordre qu'elles apparaissent en embryologie, c'est-à-dire en remontant toujours du plus simple au plus complexe. Cette science peut être comparée à un livre dont les pages seraient représentées par les différentes formations de la croûte terrestre et dont la rédaction aurait été entreprise par les plantes et les animaux eux-mêmes qui, en laissant leurs squelettes dans ces couches de terrains, ont écrit ainsi leur propre histoire avec leurs propres ossements.

L'épaisseur de la croûte terrestre est, comme nous avons déjà vu, (Chap. II), évaluée à environ 130,000 pieds. Les différentes couches de roches qui la forment sont divisées en cinq âges lesquels, si nous commençons par les couches inférieures ou primitives pour remonter à la surface du globe, sont : l'âge primordial ou âge des invertébrés et des algues ; l'âge primaire ou âge des poissons et des fougères ; l'âge secondaire ou âge des reptiles et des conifères ; l'âge tertiaire ou âge des mammifères et des angiospermes, et l'âge quaternaire ou âge des hommes et des arbres cultivés. Chaque âge est donc parfaitement caractérisé par une faune et une flore spéciales.

L'épaisseur des roches formant chacun de ces âges diminue graduellement à mesure que nous remontons vers la surface du sol. Ainsi l'épaisseur des formations de l'âge primordial est d'environ 70,000 pieds, celle de l'âge primaire d'environ 42,000, de l'âge secondaire environ 15,000, de l'âge tertiaire 3,000, et enfin de l'âge quaternaire et du nôtre d'environ 900 à 700 pieds seulement.

Chacun de ces âges est subdivisé en trois périodes distinctes savoir : les périodes laurentienne, cambrienne et silurienne pour l'âge primordial ; les périodes devonienne,carbonifère et pernienne pour l'âge primaire ; les périodes triassique, jurassique et crétacée pour l'âge secondaire ; pour l'âge tertiaire les périodes eocène, miocène et pliocène ; et pour l'âge quaternaire les périodes glaciaire, post-glaciaire et de la civilisation.

La durée respective de toutes ces époques géologiques est tout-à-fait inappréciable; seulement, comme nous l'avons déjà dit, si nous jugeons par l'insignifiance des dépôts sédimentaires qui se forment de nos jours pendant un siècle, c'est par millions d'années qu'il nous faut chiffrer le temps que la croûte terrestre a mis à se former.

La seule chose que nous connaissions exactement, c'est l'épaisseur de ces couches. Mais, cette épaisseur ne peut nous donner qu'une idée approximative de la durée relative de chaque âge.

Ainsi, si nous supposons cent millions d'années pour la formation totale de la croûte terrestre, nous estimerons alors la durée de l'âge primordial (d'après l'épaisseur de ses formations) à 53,600,000 ans; celle de l'âge primaire à 32,100,000 ans; celle de l'âge secondaire à 11,500,000; de l'âge tertiaire à 2,300,000, et enfin de l'âge quaternaire à 500,000 ans.

Cette durée, comme nous l'avons fait observer, n'est que relative; la durée réelle nous échappe absolument.

Dans les roches de l'âge primordial ne se retrouvent que des débris fossiles d'algues et d'animaux invertébrés, à l'exception toutefois de la dernière formation (silurien supérieur) dans laquelle se trouvent des restes des premiers animaux à colonne vertébrale mais sans crâne. L'apparition des premiers vertébrés seulement à la fin de l'âge primordial qui, à lui seul, comme nous avons vu, comprend plus de la moitié de l'épaisseur totale de la croûte terrestre (70,000 pieds) prouve l'immense laps de temps qui a dû s'écouler entre la formation des premiers invertébrés et celle des premiers vertébrés sans crâne, classe autrefois nombreuse et dont, de nos jours, le lancelet (amphiovus lanceolatus) est l'unique représentant.

Ce petit vertébré est le dernier survivant de la classe qui a donné naissance aux poissons, et par suite aux amphibies, aux reptiles, aux oiseaux, aux mammifères et par conséquent à l'homme. C'est ce petit acrânien qui forme l'anneau intermédiaire entre les invertébrés et les vertébrés, comme l'a démontré, il y a peu de temps, l'anatomie comparée qui a trouvé en lui un descendant des vers ascidiens.

Dans les roches de la première période de l'âge primaire, la période devonienne, nous voyons apparaître les premières mousses, fougères, les premiers lichens et champignons, puis les premiers débris de véritables poissons pourvus de crâne mais au squelette cartilagineux (lamproies, ganoïdes, requins, raies) puis des dipneustes qui, par leur organisation mi-poisson mi-amphibie, forment le trait d'union entre les poissons et les amphibies. Ces derniers ne se développeront complètement que dans la période suivante.

L'apparition des mousses, fougères, lichens et champignons parmi les plantes, puis des dipneustes parmi les animaux, indique que les conditions de la vie, jusqu'alors exclusivement aquatique, se sont modifiées et que la terre ferme a commencé à poindre à la surface des eaux.

En effet, dans les terrains de la période carbonifère qui fait suite à la devonienne, nous trouvons des restes de vrais amphibies (grenouilles, salamandres), puis des scorpions, des araignées, des insectes (blattes, grillons etc.). Parmi les plantes nous voyons figurer pour la première fois les phanéroganes ou plantes à fleurs (cycadées, conifères). C'est à la luxuriance de la végétation de cette période que nous devons la houille ou charbon de terre que nous brûlons, laquelle n'est autre chose que des débris de plantes fossiles et caractérise la période en lui donnant son nom.

Avec la période permienne qui vient ensuite, se termine l'âge paléolithique ou primaire ; l'âge qui lui succède s'appelle mésolithique ou secondaire, il est aussi appelé l'âge des reptiles.

Ici les événements se pressent, les organismes se développent, se multiplient, se perfectionnent avec une rapidité effrayante. Cette perfection s'annonce parmi les plantes par l'apparition des premiers monocotylédonés et dicotylédonés ou plantes à semences contenues dans un fruit. Ces végétaux appartiennent aux plantes supérieures et caractérisent encore notre flore actuelle. Au point de vue de la végétation l'évolution peut donc être considérée ici comme à peu près terminée.

La perfection qui à cette époque s'opère dans le règne animal, n'est ni moins remarquable ni moins importante. Elle est caractérisée par un progrès énorme : l'apparition des premiers animaux à membrane amniotique, c'est-à-dire des reptiles, des oiseaux et des mammifères.

Nous voici maintenant en famille et en quelque sorte déjà chez nous.

Sans doute les premiers mammifères (monotrèmes ou animaux à cloaque) que nous voyons apparaître dans la première des trois périodes qui forment l'âge secondaire, la période triassique, ne sont encore que des essais imparfaits pour arriver aux placentaliens,mais le germe est là, nous le verrons se développer dans les couches supérieures.

Il en est de même des reptiles, représentés seulement par des sauriens (simosaures, ptérosaures, dinosaures) et des lézards.

La période jurassique en effet nous montre des monotrèmes qui se sont perfectionnés et sont devenus des marsupiaux. Les dinosaures, eux, s'adaptant à la vie aérienne, sont devenus des oiseaux. De nouveaux sauriens apparaissent : le plésiosaure, l'ichthyosaure et le téléosaure qui, lui, n'a qu'un pas à faire pour devenir un crocodile.

Enfin nous voyons aussi des tortues, puis des poissons à squelette osseux, ce qui dénote un progrès marqué sur les autres poissons primitifs des époques antérieures (lamproies, ganoïdes, requins, raies), dont le squelette est cartilagineux.

Dans les terrains de la période crétacée, laquelle clôt l'âge secondaire, les organismes continuent de se perfectionner. Ainsi on trouve des squelettes de véritables crocodiles (alligators); puis, parmi les poissons, des saumons, des harengs, des perches, etc. Mais, c'est à l'ouverture de l'âge tertiaire, pendant la période éocène que, en même temps que les serpents, qui se sont développés des lézards, apparaissent les premiers membres de l'immense famille dont nous faisons partie : les mammifères placentaliens, ou mammifères dont l'embryon dans le corps de la mère est en communication directe avec cette dernière au moyen d'une membrane appelée le placenta, par laquelle s'opère la nutrition du fœtus.

Dans les terrains de cette période, parmi les mammifères, nous trouvons déjà des édentés, des ongulés, des cétacés, des insectivores, des rongeurs, des chéiroptères et des singes, mais pas un seul squelette humain. Ce n'est que dans la dernière formation de la croûte terrestre, l'âge quaternaire, qu'apparaissent les premiers restes d'individus de notre espèce.

Voilà, résumé à grands traits, l'ordre dans lequel les organismes ont fait leur apparition sur la terre.

Le fait qui domine tout et qui se dégage avec force de l'histoire paléontologique c'est l'apparition *graduelle* et *progressive* des organismes sur la terre, à commencer par les plus simples pour finir par les plus complexes. C'est ainsi que dans les couches les plus anciennes nous ne voyons que des invertébrés; qu'en remontant ensuite vers des couches de formation comparativement plus récente, ce sont d'abord des poissons que nous trouvons, puis plus haut des amphibies, plus haut encore des reptiles, des oiseaux et des mammifères et enfin, dans les terrains de la dernière formation, l'homme, l'organisme le plus complexe, le plus parfait de tous.

Voilà ce que nous révèle l'écorce terrestre ; rapprochons maintenant ses révélations de celles qui nous ont été faites par l'embryologie au commencement de ce chapitre,et alors l'apparition ou le développement graduel et progressif des organismes sur la terre acquerra une signification toute particulière.

Nous n'avons pas oublié les diverses phases que parcourt l'embryon d'un reptile, d'un oiseau, d'un mammifère ou d'un homme ; nous avons vu que la période embryonnaire pour tous les quatre s'ouvrait de la même manière ; que chacun d'eux, au début, n'était qu'une simple cellule dont l'évolution était identique et que, jusqu'à une époque assez avancée, il était impossible de distinguer l'embryon humain de celui d'un reptile, d'un oiseau ou d'un mammifère puisque, pendant une partie de sa période embryonnaire, il était pourvu, comme ces derniers, d'arcs branchiaux, de quatre membres aplatis non différenciés et d'une queue. Eh bien! si nous n'avons pas oublié cette similitude dans l'évolution, qui, comme nous avons déjà dit, constitue la plus grande preuve en faveur de la théorie de la descendance de l'homme d'une forme animale, puisque cette similitude nous démontre clairement la communauté d'origine de l'homme et des animaux, rapprochons, maintenant, cette évolution *graduelle* et *progressive* de l'apparition également *graduelle* et *progressive* des organismes sur la terre, et alors nous verrons que l'embryologie et la paléontologie concourent toutes deux au même résultat : la première de ces sciences en nous montrant toutes les formes animales par lesquelles l'homme passe, avant de naître, pendant la période embryonnaire; la seconde en nous faisant voir dans les couches géologiques la même succession de formes animales que nous avons observée pendant la période embryonnaire de l'homme, c'est-à-dire en nous faisant assister à l'apparition *graduelle* et *progressive* de tous les organismes sur la terre, au développement de cet immense arbre généalogique, produit de millions d'années de modifications chimiques, d'adaptation et d'hérédité à travers les âges géologiques, arbre dont les racines représentées par les protozoaires et le tronc par les invertébrés a donné naissance aux branches divergentes des poissons, des reptiles, des oiseaux et des mammifères. Au sommet de cette dernière branche, la plus jeune de toutes, se trouve l'homme.

Nous arrivons maintenant à l'anatomie comparée qui sera non moins prodigue de preuves en faveur de la théorie de la descendance que ne l'ont été l'embryologie et la paléontologie.

En effet, la charpente de l'homme tout entière depuis le plus grand os de son squelette jusqu'au plus petit, trahit, d'une manière indiscutable, sa descendance animale. Sa colonne vertébrale, son crâne, son thorax, ses bras, ses jambes, ses mains, ses pieds, tout, tout indique à première vue que l'on se trouve en présence d'un mammifère.

Si l'homme est une création spéciale et indépendante, pourquoi cette étrange ressemblance avec la brute? Pourquoi des vertèbres de la même forme, disposés de la même façon et terminés à l'extrémité antérieure par une boîte osseuse (crâne) et à l'extrémité postérieure par une queue (coccyx)? Si l'homme ne descend pas de la brute, pourquoi la présence d'un humerus, d'un radius et d'un cubitus dans la structure de son bras? d'un fémur, d'un tibia et d'un péroné dans celle de sa jambe, comme cela a lieu dans la conformation des membres antérieurs et postérieurs des hauts vertébrés? Pourquoi possède-t-il le même tube médullaire, le même système nerveux, le même système vasculaire, le même fluide (sang) que ces derniers? Pourquoi son canal alimentaire, ses poumons, son cœur, son foie, son pancréas, sa rate sont-ils confectionnés sur le même modèle que chez ces vertébrés? Pourquoi les mêmes appareils optique, olfactif, auditif? Pourquoi les mêmes organes sexuels, l'utérus et le pénis? Pourquoi? Pourquoi?

Que l'on prenne la peine de comparer un instant le squelette de la main de l'homme non seulement avec la main du gorille et de l'orang, mais aussi avec la patte du chien, de la taupe, de l'ornithorynque, avec la nageoire du dauphin, du phoque, avec l'aile de la chauve souris etc., etc., alors on verra si la structure interne n'est pas essentiellement la même, si ce ne sont pas les mêmes os groupés de la même manière quoique adaptés à un usage différent!

Sont-ce donc là de pures coïncidences, comme seraient aussi de pures coïncidences les enseignements de l'embryologie et de la paléontologie? Vraiment ceux qui le croient font bien peu d'honneur à l'espèce à laquelle ils appartiennent.

Pour bien connaître l'homme il faut étudier les animaux.

Dans l'anatomie comparée, dans l'embryologie et la paléontologie on trouvera l'historique de toutes les parties qui composent leur corps. Ainsi nous voyons que les poumons ne sont qu'une transformation de la vessie natatoire des poissons; que le cœur, avant d'arriver à avoir quatre cavités comme chez l'homme et les mammifères, n'en a que trois chez les reptiles, deux chez les poissons et une seulement chez les crustacés; que l'œil, cet appareil si complexe, a son point de départ dans une simple tache pigmentaire. Il en est de même des autres organes qui, tous, ont eu de très-humbles commencements et ne se sont développés que graduellement à travers les siècles.

Les témoignages irréfutables de l'embryologie, de la paléontologie et de l'anatomie comparée s'accordent, comme on le voit, avec un ensemble merveilleux et nous répètent sur tous les tons que l'homme descend d'une forme animale et, à la vérité, des mammifères placentaliens.

La question qui surgit, maintenant, est celle de savoir de quel ordre des mammifères placentaliens il descend. Sur ce point c'est encore l'anatomie comparée qui se charge de nous répondre.

Bien que, de tous les mammifères placentaliens, le singe soit l'animal qui par tous ses caractères se rapproche le plus de l'homme, il est maintenant unanimement reconnu que l'homme ne descend *directement* d'aucun des grands singes catarrhinins ou anthropoïdes actuels. Quoique petite, la distance qui sépare ces derniers du *genus homo* est encore trop grande pour que nous puissions voir en eux de grands parents. Mais, si nous ne nous rattachons pas à eux *directement*, c'est certainement à une forme intermédiaire entre les anthropoïdes et nous que nous devons notre origine.

De tous les mammifères placentaliens, ceux qui, anatomiquement, se rapprochent le plus de l'homme sont, sans aucun doute, les grands singes catarrhinins sans queue du vieux monde ou anthropoïdes actuels (gorille, chimpanzé, orang, gibbon). Ce sont eux qui sont nos plus proches parents dans le règne animal, et, si la distance qui les sépare de l'homme est encore grande, elle est cependant considérablement moins grande que celle qui sépare les singes supérieurs (anthropoïdes) des singes inférieurs, ou en d'autres termes que la distance qui sépare le gorille de l'homme est infiniment moins grande que celle qui sépare le gorille des ouistitis, par exemple[1].

A l'idée qu'on veut les faire passer pour des singes perfectionnés, une foule de bimanes que leur ignorance des lois les plus élémentaires de la biologie met hors d'état de réfuter la théorie scientifiquement, se livrent à des plaisanteries plus ou moins sensées que leurs auteurs, naturellement, croient toujours spirituelles. Ils ne semblent pas se douter le moins du monde qu'il n'est jamais venu à l'esprit d'un naturaliste quelconque de vouloir établir une comparaison entre notre race civilisée et perfectionnée par des milliers d'années et de générations et les anthropoïdes actuels. Un peu moins de préjugés et, à défaut d'études, un peu plus de réflexion devraient amener les

[1] Pour les questions ayant rapport à l'anatomie comparée de l'homme et du singe. Voir l'ouvrage de Huxley : évidence as to man's place in nature.

bimanes dont nous parlons, non pas à comparer la race caucasienne aux anthropoïdes mais à comparer les singes supérieurs aux hommes inférieurs (Australiens, Négritos des Philippines, Boschimans), et alors, la distance qui leur paraissait si grande entre le singe et l'homme serait tellement rapetissée que la comparaison n'aurait non seulement rien de ridicule mais ne tournerait pas toujours à l'avantage des bimanes auxquels nous nous référons.

Puisque, de tous les animaux, les grands singes catarrhinins sont ceux qui se rapprochent le plus de l'homme, c'est encore l'anatomie comparée qui nous apprend en quoi cette distance, puisque distance il y a, consiste.

Par singes catarrhinins ou anthropoïdes on entend les grands singes sans queue du vieux monde qui sont, comme nous avons déjà dit, le gorille, le chimpanzé, l'orang et le gibbon. Si nous comparons le squelette de l'homme avec celui du gorille, par exemple, nous sommes tout d'abord frappés par une ressemblance telle, qu'elle nous paraîtrait extraordinaire et inexplicable si nous n'avions pas la clé du mystère dans la théorie de la descendance des espèces.

En effet, quelle que soit la partie du squelette que nous examinions, que ce soit le crâne, les dents, les vertèbres, le thorax, le bassin, les bras, les jambes, les pieds, les mains, partout les mêmes os, disposés de la même manière, groupés de la même façon. Assurément une différence existe entre le squelette de l'homme et celui du gorille : s'il n'en existait pas l'homme serait un gorille ou le gorille serait un homme. Ainsi, chez le gorille, les vertèbres cervicales sont, relativement à celles de l'homme, trop grosses, les bras trop longs, le cerveau trop petit, l'appareil maxillaire trop massif, etc. Si les os sont les mêmes, ils diffèrent dans leurs proportions, leur volume, leur poids. Chez le gorille, ils sont plus lourds, plus épais, plus mastocs ; ils dénotent chez celui-ci une force musculaire supérieure, bien en rapport, du reste, avec sa vie purement animale.

Comme on le voit, la différence entre les deux squelettes est une simple différence dans les proportions, dans la perfection, dans le fini, dans l'harmonie des parties; elle est, en un mot, tout esthétique.

Si du squelette nous passons aux parties molles, au cerveau, aux viscères abdominaux et thoraciques et aux muscles, nous serons également frappés de la similitude entre elles et celles de l'homme. Nous ne rencontrerons partout qu'une différence relative, nulle part absolue.

Il n'y a pas bien longtemps encore que d'imprudents anatomistes avançaient que, anatomiquement, l'homme différait sensiblement des singes supérieurs en ce que d'abord, tous les anthropoïdes étaient quadrumanes et en ce que leur cerveau était dépourvu de trois choses qui caractérisaient tout cerveau humain, savoir : le lobe postérieur (*lobus posterior cerebri*), la corne postérieure du ventricule latéral (*cornu posterius*) et le petit pied d'hippocampe (*pes hippocampi minor*).

Depuis lors, justice a été faite de ces allégations fantaisistes, et il est maintenant universellement reconnu dans le monde savant que 1° les deux membres postérieurs du gorille, par exemple, sont terminés non par des mains mais par de véritables pieds tout aussi bien caractérisés que ceux de l'homme par la position des os du tarse et par trois muscles : le court fléchisseur, le court extenseur et le long péronnier (*peroneus longus*) ; que, de plus, chez le gorille, le gros orteil, ou pouce du pied, n'est pas plus opposable aux autres doigts que cela arrive chez certaines races, les Négritos des Philippines, par exemple, chez lesquels l'usage habituel du gros orteil en grimpant aux arbres a fait acquérir à celui-ci une certaine souplesse qui le rend capable d'un degré anormal de préhension ; que 2° le cerveau de tous les singes anthropoïdes, et aussi celui des autres singes, mais chez ces derniers à l'état plus ou moins rudimentaire, possède bien le lobe postérieur, la corne postérieure ainsi que le petit pied d'hippocampe, et que, par conséquent, aucune différence, si ce n'est une de degrés de développement, n'existe entre le cerveau humain et celui des anthropoïdes.

Bien que l'homme se rapproche du gorille par la conformation du pied, de la main, de la dentition, du chimpanzé par le thorax, du gibbon par le crâne et de tous les trois ainsi que de l'orang par des caractères généraux, nous pourrions dire de famille, l'homme, comme nous avons déjà dit plus haut, ne descend *directement* d'aucune de ces quatre espèces; ses ancêtres directs, intermédiaires entre lui et les anthropoïdes actuels gisent encore dans les couches de terrains appartenant à la fin de l'âge tertiaire ou au commencement de l'âge quaternaire d'une contrée non explorée géologiquement jusqu'ici.

Cet anneau intermédiaire qui nous manque,comme quelques autres d'ailleurs qui font encore défaut à la chaîne zoologique, ne nous étonnera nullement si nous considérons combien sont incomplètes les recherches géologiques opérées jusqu'à présent; si nous songeons que l'Europe et l'Amérique n'ont été, au point de vue géologique, qu'en partie explorées, que l'Afrique équatoriale, l'Asie et l'Océanie nous sont, sous ce rapport, à peu près complètement inconnues, si nous songeons aussi et surtout que les trois cinquièmes de la superficie totale du globe se trouvent submergés par les eaux et que, par conséquent, de ce côté toute exploration géologique est impossible, si nous songeons à tout cela, alors nous ne nous étonnerons plus que la forme intermédiaire entre l'homme et les anthropoïdes n'ait pas encore été trouvée.

Du reste, au point de vue qui nous occupe, cette découverte n'est que d'une importance secondaire, car la distance qui sépare les Australiens, les Négritos et les Boschimans des anthropoïdes actuels est si petite relativement à celle qui sépare ceux-ci des ouistitis, qui sont cependant des singes, que la découverte de cette forme intermédiaire, quelque importante qu'elle puisse être, ne saurait pas ajouter grand' chose à la valeur scientifique de la théorie de l'évolution de la matière et de la descendance des espèces, théorie qui n'en est plus à faire ses preuves, basée qu'elle est sur tous les faits connus et confirmée par toutes les découvertes qui se font. D'ailleurs la découverte prévue et forcée de cette forme intermédiaire ne convaincra pas davantage ceux qui nient l'évidence même et ne sont pas encore convaincus par les témoignages irréfutables de l'embryologie, de la paléontalogie et de l'anatomie comparée.

C'est vraiment un spectacle curieux que de voir les déistes, eux qui n'expliquent rien, sommer la science de leur expliquer tout. De pareilles exigences siéent bien mal à des gens qui font tout remonter à des forces surnaturelles sur lesquelles ils ne savent absolument rien et ne pourront jamais rien savoir, puisqu'elles sont contraires à l'expérience et à la logique et si peu conformes à la raison que l'esprit même de ceux qui croient en elles est absolument hors d'état de se les représenter un seul instant.

En possession d'un système aisé et facile qui, tout en n'expliquant rien du tout, a l'incomparable avantage de paraître tout expliquer, il est vraiment extraordinaire et tout à fait déraisonnable de la part de ces fidèles croyants d'exiger des sciences naturelles l'explication de tous les phénomènes qui existent. Ils devraient, ce nous semble, déjà tenir compte du chemin parcouru et de tous les phénomènes que les sciences expliquent, et se confesser à eux-mêmes que jamais leur Bible ou leur catéchisme ne les auraient mis à même de résoudre le plus simple d'entre eux.

Il nous reste maintenant à parler des deux objections, soi-disant capitales, qui sont faites à la théorie de la descendance: celle relative au langage articulé et celle qui a rapport à ce que l'on se plaît à appeler l'immense différence intellectuelle qui distingue l'homme de la brute.

Pour résoudre ces objections, il importe avant tout de procéder par ordre et de comparer non pas les singes supérieurs avec les hommes de races supérieures, comme on le fait souvent à dessein pour rendre la différence entre ceux-là et ceux-ci plus sensible, mais de comparer, comme le recommande la plus simple équité, les singes supérieurs avec les hommes de races inférieures.

Voyons d'abord la première de ces objections : celle qui a trait au langage articulé.

Bien que le langage articulé soit l'apanage exclusif de l'homme et que ce soit la principale sinon l'unique cause de son grand perfectionnement cérébral, il ne nous faut pas cependant en exagérer l'importance et nous devons ici, comme partout ailleurs en biologie, descendre aux individus inférieurs d'une espèce, d'un ordre ou d'une classe pour les comparer avec les individus supérieurs de l'espèce, de l'ordre ou de la classe placée immédiatement au dessous.

Si donc nous comparons, comme nous avons déjà eu ailleurs occasion de le faire, les hommes inférieurs aux singes supérieurs, pour juger l'espace qui les sépare au point de vue du langage articulé, nous constaterons encore une fois que la différence entre eux n'est que relative, et comme toujours, en aucune façon absolue.

Le langage articulé, particulier au *genus homo*, n'a nullement pour cause des organes spéciaux qui le produisent. Aucun organe de ce genre n'existe chez l'homme qui n'ait sa partie correspondante chez les anthropoïdes. La production des sons articulés résulte uniquement de la plus grande perfection des organes qui président à la modulation de ces sons : la gorge, la langue et les lèvres, lesquelles ne présentent cependant pas dans leur structure une différence plus marquée que partout ailleurs dans l'anatomie comparée des anthropoïdes et de l'homme.

Partout les mêmes cartilages, les mêmes ligaments, les mêmes muscles. Que les cartilages de l'un soient plus ou moins volumineux que ceux de l'autre, que les cordes vocales soient plus ou moins longues, les muscles plus ou moins courts, cela ne constitue pas une plus grande différence que celle qui existe lorsque l'on compare le squelette, le cerveau ou n'importe quelle autre partie du corps d'un anthropoïde avec la partie correspondante chez l'homme.

Que les cartilages, donc, les cordes vocales et les muscles diffèrent dans leurs proportions de ceux de l'homme, à cela, franchement, nous devons bien nous y attendre puisque aucun des singes anthropoïdes actuels ne possède un langage articulé. L'essentiel, pour nous, c'est de pouvoir constater que ni le larynx, ni la la langue, ni, en un mot, aucun des organes qui servent à l'homme à produire des sons articulés ne diffèrent, si ce n'est par leur plus grand degré de perfection, des organes analogues des anthropoïdes.

Ce n'est donc pas à des organes spéciaux, ni à une conformation toute particulière des organes de la voix, mais uniquement au degré de perfection de ces organes, qui, ici comme ailleurs, distingue l'homme de l'anthropoïde, que celui-là doit le langage articulé.

Un des traits caractéristiques des singes est leur sociabilité. Or, en procédant par induction, il n'est pas irrationnel de supposer que la forme intermédiaire placée entre les anthropoïdes et nous devait, étant données les lois de l'hérédité, posséder à un bien plus haut degré encore que les anthropoïdes actuels ce trait caractérisque.

Après ce simple exposé, l'origine du langage articulé cesse d'être énigmatique.

En effet, ce plus haut degré de sociabilité a nécessairement eu pour conséquence immédiate de rendre les individus plus communicatifs et de les obliger à chercher un moyen plus parfait de se transmettre leurs pensées.

Chez les hauts vertébrés,oiseaux,mammifères, nous n'avons pas été sans remarquer les cris d'effroi, de joie, de douleur, etc.... qui forment leur vocabulaire à eux et qui forment aussi pendant un certain temps celui de nos enfants. Si ces cris sont accompagnés de gestes, comme cela a été très probablement le cas chez nos ancêtres pithécoïdes et l'est encore actuellement chez nos bébés, le langage a dû gagner considérablement en clarté.

Si à ces cris et à cette mimique, constituant déjà par eux-mêmes un langage suffisamment intelligible, nos ancêtres ont ajouté, comme le font encore nos enfants, le langage imitatif des sons naturels (onomatopée), qui consiste à imiter le cri de tel animal, le bruit fait par telle chose, pour donner à entendre que c'est de tel animal ou de telle chose qu'il s'agit, le langage, de cette façon, avait déjà atteint un degré de perfection considérable.

Les restes d'un pareil langage imitatif se retrouvent encore dans toutes les langues. En français, par exemple, nous avons : les substantifs coucou, glouglou, cliquetis, tic-tac, cri-cri, etc... les verbes miauler, mugir, bêler, coasser, croasser, craquer, etc... les interjections oh, ah, eh, etc.

Cette émulation, cette tendance, ces efforts continus de la gorge, de la langue et des lèvres pour produire des sons de plus en plus complexes ont forcément amené, on le comprendra bien, une différenciation correspondante de ces organes qui, se perfectionnant en même temps que le cerveau, sont arrivés graduellement à produire, selon les besoins, une variété de plus en plus grande de sons inarticulés d'abord, puis articulés ensuite.

Cette différenciation, ce perfectionnement des organes de la parole n'est pas plus anormal que la différenciation, le perfectionnement du squelette, du cerveau, du cœur, des poumons etc. ; ce développement progressif est l'essence même de la doctrine de l'évolution et reconnaît pour causes l'adaptation et l'hérédité : la première qui modifie, la seconde qui perpétue.

Des milliers d'années et de générations peut-être ont été nécessaires pour amener de pareils changements. Mais qu'importe le temps à la nature ! ne l'a-t-elle pas toujours à sa disposition ?

D'ailleurs le degré de perfection qu'avait à atteindre le vocabulaire de nos ancêtres simiens, pour être au niveau de celui de certains sauvages actuels, n'était pas une tâche bien difficile.

Certaines tribus australiennes, les Négritos des Philippines, les Boschimans (ceux du sud surtout), certaines tribus de l'Afrique centrale, de l'Inde, du Brésil, etc....ont un langage des plus rudimentaires ; ce qui n'a pas lieu d'étonner puisque le langage d'un peuple est toujours en relation directe avec son degré de culture intellectuelle.

Ce langage ou plutôt ces langages rudimentaires qui diffèrent avec chaque tribu n'ont, pour la plupart, aucun mot pour exprimer une idée abstraite. La plus simple abstraction leur échappe complètement; ils sont incapables de généraliser la moindre idée. Ainsi s'ils ont des mots pour signifier telle ou telle espèce de plante, ils n'en ont point pour signifier arbre ; s'ils ont des expressions pour blanc, noir, rouge, ils n'en ont aucune qui signifie couleur.

Beaucoup de ces langages n'ont pas de noms de nombre permettant de compter au dessus de cinq. Pour exprimer un chiffre au-delà de ce nombre les indigènes sont obligés d'avoir recours aux doigts des deux mains puis,si besoin est,des deux pieds. Ainsi pour signifier dix ils diront : deux mains ; pour quinze, deux mains et un pied ; pour vingt, un homme. Ils n'ont aucun mot pour exprimer ce qui est beau, ce qui est bien, ce qui est vrai, ce qui est juste.

La prononciation de ces langues est aussi barbare que les individus eux-mêmes : c'est une série d'épouvantables claquements de la langue ; c'est une production d'effroyables sons gutturaux peu différents des cris de la bête. Les sons labials qui modulent nos mots et leur donñent une si grande expression de douceur sont, pour la plupart, inconnus à ces langues. A cela, naturellement, il fallait s'attendre, car les sons labials indiquent un haut degré de perfection du langage et ne sont qu'une acquisition comparativement récente de nos ancêtres.

Enfin, le vocabulaire de ces langues est si pauvre que, dans bien des cas, les missionnaires on dû renoncer, faute de mots équivalents, à indiquer aux indigènes qui les parlaient la manière dont ceux-ci devaient s'y prendre pour aller tout droit en paradis, et les colons ont dû également abandonner toute idée de les civiliser et même d'en faire des bêtes domestiques.

Le langage d'un orateur de nos jours diffère bien plus du langage d'un Australien, d'un Négrito ou d'un Boschiman que le langage de ceux-ci ne diffère de celui des bêtes.

Au physique, presque tous les sauvages ont à peu près les mêmes traits caractéristiques qui les séparent de l'homme civilisé pour les rapprocher d'autant du singe. Comme les plantes, comme les animaux, comme nous-mêmes, ils ne sont que le produit de leur sol, de leur climat, du milieu où ils vivent, en un mot.

D'abord ce sont les membres qui sont grêles, maigres, peu développés, notamment les jambes qui sont hors de proportion avec le tronc qu'elles supportent et se distinguent surtout par l'absence presque complète du mollet, preuve certaine de la période relativement récente de l'accoutumance de leur corps à la position verticale; puis le crâne qui est trop petit, les pommettes et les arcades sourcillières qui font d'énormes saillies, les yeux qui sont noirs, petits, inquiets, enfoncés dans leurs orbites; le front qui est déprimé et qui, avec le menton, semble vouloir s'échapper du visage comme si ni l'un ni l'autre ne désirait en faire partie; enfin et surtout le développement extraordinaire des maxillaires qui donnent à la face toute entière un caractère achevé de bestialité. Naturellement les facultés intellectuelles de ces races sont en accord parfait avec leur développement physique et leur langage.

La plupart des sauvages auxquels nous faisons allusion sont dépourvus de tout sentiment de morale, cruels, inaccessibles à la gratitude, à l'affection, à la pitié, ils sont sans conscience, sans logique, sans histoire; n'ont aucune idée du bien, du beau, du vrai, du juste; sont incapables du moindre degré de culture et rebelles à toute civilisation. Ils ne vivent que pour le présent, ne pensent plus au passé et ne s'inquiètent pas de l'avenir. Ils mangent ce qu'ils trouvent à n'importe quelle heure et tant qu'il y en a. Ils sont nus ou presque nus et vivent dans des huttes formées de branches (Australiens) ou dans les trous du sol ou les fentes de rochers (Boschimans du sud) ou bien tout simplement sous les arbres ou à ciel ouvert (Négritos des Philippines ou Aetas). Impossible de confiner davantage à la brute.

Sont-ce là des manifestations de l'instinct ou de l'intelligence? Où finit celui-là et où commence celle-ci? Nul ne saurait le dire et cela par la raison bien simple que les deux mots signifient la même chose.

Est-ce que les facultés intellectuelles des sauvages dont nous venons de parler sont de l'intelligence, et celles de l'abeille, de la fourmi, de l'éléphant, du chien et du singe de l'instinct? S'il en est ainsi, dans certains cas, l'instinct de ces animaux est bien supérieur à l'intelligence de ces sauvages.

Qui n'a entendu parler des colonies d'abeilles et de fourmis avec leurs habitations, leur hiérarchie, leur division du travail, etc? Qui n'a vu ou ouï dire combien l'éléphant est sagace, le chien affectionné, le singe astucieux, adroit et intelligent?

L'instinct et l'intelligence ne sont en réalité qu'une seule et même chose à des degrés différents de développement et à laquelle l'homme, dans son immense orgueil et son incommensurable vanité, a donné deux appellations distinctes parce qu'il ne comprend pas les bêtes qui cependant se comprennent si admirablement bien entre elles.

D'après ce qui précède, et pour tout esprit impartial, il ressort clairement que ces Australiens, ces Boschimans et ces Négritos sont, somme toute, de parfaites brutes sans principes, sans culture et sans sentiments, et dont toutes les actions ont pour seul mobile les sensations de la faim, de la soif. La distance intellectuelle qui les sépare des hommes civilisés est bien plus grande que celle qui les sépare des animaux; n'était l'accoutumance de leur corps à la position verticale quand ils marchent, particularité à eux léguée par nos ancêtres simiens, nous les chasserions et traquerions encore dans les bois comme des bêtes.

Ces brutes qui, il est vrai, n'appartiennent pas à notre race, proviennent cependant d'une souche commune à la nôtre : de nos progéniteurs pithécoïdes. Comme ces derniers qui ont déjà disparu, eux aussi disparaissent tous les jours devant la civilisation. Dans quelques années il n'y aura plus d'Australiens, de Négritos et de Boschimans, et alors on trouvera la distance qui nous sépare des singes anthropoïdes encore plus grande qu'elle ne l'est aujourd'hui.

S'adapter aux nouveaux milieux ou périr ! telle est la loi qui régit les êtres organisés et nous explique toutes leurs transformations.

Quelle que soit la différence intellectuelle qui nous sépare des races dont nous venons de parler, nous ne devons cependant pas nous imaginer pour cela que notre intelligence n'a aucun rapport avec la leur, restée presque stationnaire. Ici encore, la différence n'est que relative.

Avant de passer à l'examen des facultés intellectuelles de l'homme, voyons d'abord quels sont les rouages de la machine et comment elle est mise en mouvement ou en d'autres termes comment nous vivons.

L'homme ainsi que tous les autres vertébrés est un animal à double tube, c'est-à-dire un organisme composé d'un tube alimentaire et d'un tube médullaire. Le premier de ces tubes qui va de la bouche à l'anus est, comme son nom l'indique, destiné à l'alimentation ; le second contient la moelle épinière ou centre du système nerveux dont le cerveau n'est qu'une prolongation et un boursouflement.

Examinons séparément les fonctions de chacun de ces tubes en commençant par le premier, le tube alimentaire.

Sous forme d'aliments nous absorbons des matières protéïques (carbone, hydrogène, oxygène et azote combinés, quelquefois avec du soufre et du phosphore), des matières grasses (carbone, hydrogène et oxygène), des matières amylacées (carbone, hydrogène et oxygène), puis de l'eau (hydrogène et oxygène) et enfin des sels (phosphates, carbonates, sulfates, chlorures, fluorures, oxydes, etc ...), dont la composition varie à l'infini suivant le genre de nourriture.

En passant par le tube alimentaire, ces aliments, pour être transformés en sang, en chairs et en os, sont dissous par les sécrétions des glandes qui avoisinent ce tube.

D'abord c'est le produit des glandes salivaires, la salive, qui transforme les matières amylacées en dextrine et en sucre; plus loin dans l'estomac c'est le suc gastrique qui transforme en peptones les matières albuminoïdes. Ici, les matières dissoutes jusqu'à présent passent dans le sang par endosmose à travers les parois de l'estomac. De l'estomac les aliments continuent leur marche descendante vers les intestins où, à leur entrée, ils reçoivent les sécrétions du foie (bile) et du pancréas (suc pancréatique); la bile facilite l'absorption (endosmose) des matières grasses et le suc pancréatique agit de nouveau sur les matières amylacées. A ces sécrétions vient encore s'ajouter celle des intestins qui achève de transformer en sucre les matières amylacées et de dissoudre les matières albuminoïdes. Les aliments ainsi liquéfiés (chyle) passent (comme cela a déjà eu lieu dans l'estomac), par endosmose, dans les vaisseaux lymphatiques qui tapissent les parois des intestins d'où ils sont déversés dans le sang. Les parties insolubles de ces aliments sont évacuées par l'anus sous forme d'excréments.

Une fois transformées en chyle, puis en sang, ces matières alimentaires sont dirigées vers le cœur qui, par les artères et les vaisseaux capillaires, les distribue dans toutes les parties de notre être où elles se déposent (juxtaposition), puis se solidifient et deviennent alors nos chairs et nos os.

Lorsque nous respirons ou plutôt aspirons, nous introduisons de l'air dans nos poumons. La composition de cet air est, en chiffres ronds, de 79 o/o d'azote et de 21 o/o d'oxygène. L'oxygène qui pénètre dans nos poumons est absorbé par le sang ou plus exactement par ses corpuscules et transporté sous l'impulsion du cœur dans toutes les parties de notre corps où, en contact avec nos tissus, il détermine leur combustion. Les principaux produits de cette combustion de nos tissus sont expulsés de notre corps sous forme d'acide carbonique et d'eau par les poumons (haleine), d'eau, d'urée et d'acide carbonique, par la peau (transpiration), puis d'urée, d'acide urique et d'eau par les reins (urine).

De cette combustion ou oxydation de nos tissus provient la chaleur animale de notre corps. Ces tissus, sans cesse détruits par l'oxygène de l'air, sont sans cesse restaurés par l'alimentation ; de sorte que les parties solubles de nos aliments forment tour à tour du sang, de la chair et des os pour s'oxyder, puis devenir l'eau, l'acide carbonique et l'urée que nous exhalons par les poumons et la peau et éliminons par les reins.

De ces changements moléculaires ou constante oxydation de notre être dépend la vie; du parfait équilibre entre l'oxydation et la restauration de nos tissus dépend la santé ; de ce manque d'équilibre provient la maladie.

Voilà, résumé à grands traits, le mécanisme de notre corps; ses rouages, comme on le voit, sont mis en mouvement par l'alimentation et l'oxydation.

Les fonctions du second tube ou tube médullaire ou plutôt de la matière qu'il contient, la moelle épinière dont le cerveau, comme nous avons déjà dit, n'est qu'une prolongation et un boursouflement, peuvent également être résumées en fort peu de mots.

Le cerveau et la moelle épinière constituent notre système nerveux central auquel viennent se rattacher tous les nerfs disséminés dans toutes les parties de notre corps. A l'exception des nerfs qui président aux fonctions de la vie végétative (digestion, circulation, secrétion, etc), les nerfs se subdivisent en deux classes, les nerfs afférents ou sensibles et les nerfs efférents ou moteurs. Les premiers, qui aboutissent à la périphérie de notre corps, soit à l'épiderme, soit à un organe quelconque, la vue, l'ouïe, l'odorat, etc., communiquent à la moelle épinière et au cerveau les impressions qu'ils reçoivent;

les seconds agissent sous les ordres de ces deux derniers et font contracter les muscles qu'ils desservent, c'est-à-dire auxquels ils aboutissent, lesquelles constrictions se traduisent par des mouvements.

Cette transmission de sensations de la périphérie de notre corps (sens) à la moelle épinière et au cerveau, puis, de nouveau, du cerveau et de la moelle épinière à la périphérie (muscles) s'opère au moyen d'un changement (irritation) dans le groupement moléculaire du nerf qui, semblable au cercle de plus en plus grandissant que fait une pierre en tombant dans une eau calme, se propage le long du nerf et communique au cerveau les impressions qu'il a reçues par les sens.

Les mouvements de notre corps sont de deux sortes : ils sont tantôt inconscients, c'est-à-dire indépendants de notre volonté (mouvements réflexes), ou bien volontaires et par conséquent conscients.

Les mouvements réflexes sont des mouvements irraisonnés, irréfléchis,auxquels, comme nous avons dit, la volonté et par conséquent le cerveau ne prend pas la moindre part. Ce sont des mouvements instinctifs propres et particuliers à l'espèce et transmis héréditairement à chaque individu par ses progéniteurs, lesquels, sous la forme de l'œuf et de la semence, ont communiqué à leurs descendants la forme particulière du mouvement qui animait leur propre protoplasme au moment de la procréation.

Comme chez tous les vertébrés, le siège des facultés intellectuelles, chez l'homme, c'est le cerveau. Du degré de développement ou de perfection de cet organe dépend le degré d'intelligence. Il est l'organe de la pensée aussi incontestablement que l'œil est celui de la vue, l'oreille de l'ouïe, etc. Toute lésion cérébrale entraîne un dérangement correspondant dans nos facultés intellectuelles, absolument comme toute lésion de la rétine de l'œil nous empêche de bien voir, et du tympan de l'oreille de bien entendre.

Notre cerveau peut ainsi être comparé à un bureau central télégraphique auquel aboutissent directement ou indirectement tous les fils électriques (nerfs) qui parcourent notre être dans tous les sens.

Ces fils électriques instruisent notre cerveau sur l'état général de notre corps en lui transmettant fidèlement toutes les sensations que celui-ci éprouve : le chaud, le froid, la faim, la soif, la douleur, etc. ; ce sont eux encore qui lui transmettent ce que notre œil voit, notre oreille entend, notre nez sent etc. La preuve en est que si nous coupons les nerfs qui desservent les organes de la vue (nerf optique), de l'ouïe (nerf auditif), de l'odorat (nerf olfactif) etc., nos yeux ne voient plus, nos oreilles n'entendent plus, notre nez ne sent plus ; que si nous coupons un nerf sensible nous produisons l'insensibilité (anesthésie) des parties qu'il dessert ; si un nerf moteur, nous privons cette partie de mouvement ; en les coupant, nous interrompons les communications entre la périphérie du corps et le cerveau, qui, comme nous le disions plus haut, est un véritable bureau central télégraphique qui reçoit des dépêches par les nerfs afférents, les coordonne, les compare entre elles, en tire des conclusions et fait agir en conséquence les nerfs efférents ou moteurs sur les muscles (actions).

Développer le cerveau c'est en modifier, en améliorer la composition chimique, ou, si l'on veut, en bonifier la qualité. Etant donné le rôle prépondérant du cerveau, on comprendra de suite l'extrême importance de sa plus ou moins bonne qualité (composition chimique). Car, si du degré de perfection (qualité) de nos sens dépend l'exactitude des renseignements que les nerfs afférents communiqueront à notre cerveau, de la qualité (composition chimique) de celui-ci dépendra à son tour la valeur des conclusions qu'il tirera des faits portés à sa connaissance et, par conséquent, du plus ou moins bien fondé des ordres qu'il transmettra aux nerfs moteurs qui agiront sur les muscles et détermineront nos actions. En d'autres termes, du degré de développement ou qualité (composition chimique) de notre cerveau dépendra la solidité et la justesse des jugements qu'il portera sur les impressions qui lui seront communiquées par les sens; de là dépendra, en un mot, notre valeur intellectuelle.

Lorsque nous naissons, nous ne savons rien, nous avons tout à apprendre. En venant au monde nous apportons un corps plus ou moins sain, un cerveau de plus au moins bonne qualité, suivant l'état physique et le degré de développement des facultés intellectuelles de nos père et mère au moment où ils nous procréent. La justesse de nos idées sera en rapport direct avec la qualité et le degré de perfection du cerveau dont nous aurons hérité à notre naissance.

Ce degré variable dans la qualité ou perfection de la matière cérébrale (composition chimique) n'implique d'ailleurs en aucune manière la présence d'idées préexistantes dans notre cerveau, quelque parfait qu'il soit; car, nous le répétons, tout être humain en naissant ne sait absolument rien, il a tout à apprendre. C'est ainsi qu'il faudra qu'il se morde pour savoir que cela fait mal; qu'il faudra qu'il mette la main au feu pour savoir que le feu brûle; qu'il la mette à l'eau pour savoir que l'eau mouille, etc., etc.

Mais si, en naissant, l'enfant ne sait rien, il a hérité de ses progéniteurs, comme tous les autres animaux du reste, les instincts de l'espèce à laquelle il appartient ainsi que les prédispositions et aptitudes particulières de ses parents, lesquelles n'évolueront que lentement et resteront chez lui encore longtemps à l'état latent.

Sous le nom d'instinct, nous entendons, non pas les façultés intellectuelles des animaux faussement appelées ainsi par ceux qui déniaient aux bêtes l'intelligence et qui sous ce nom ne réussissaient qu'à cacher leur propre ignorance, sous le nom d'instinct, disons-nous, nous entendons tout acte irraisonné, irréfléchi, tout mouvement automatique auquel le cerveau et par conséquent la volonté n'a point pris part.

Ces actes que nous pouvons observer chez le nouveau-né bien plus longtemps que chez les animaux, parce que chez ceux-ci, la vie étant en général plus courte, le développement cérébral est bien plus rapide, se caractérisent dès le commencement de la vie de l'enfant par des mouvements réflexes, non coordonnés, asymétriques, absolument insconscients malgré leur apparence contraire. L'usage du cerveau et par conséquent de la volonté n'entre en scène qu'au fur et à mesure que les sens se développent, ce qui, comme nous avons déjà dit, n'a lieu que graduellement après la naissance.

Le premier des sens qui se développe chez le nouveau-né est celui de la vue. Déjà en venant au monde, la désagréable impression qu'il ressent d'une lumière trop vive lui fait fermer les yeux. Ceux-ci, ne sont pas encore capables de mouvements symétriques faisant converger le regard vers un même point : l'un semble regarder à gauche, l'autre à droite ; l'un est fermé, l'autre est ouvert ; l'un est immobile, l'autre est en mouvement, etc. Ce n'est que plus tard qu'il apprend à regarder, comme plus tard, d'ailleurs, il lui faudra apprendre à marcher ; ce n'est, en fait, qu'après la troisième semaine qu'il est capable de suivre un objet du regard.

Les sens du goût et de l'odorat, comme

celui de la vue, se développent chez le nouveau-né aussi de fort bonne heure. Peu après la naissance, l'expression du visage de l'enfant nous fait connaître immédiatement si ce qu'il a goûté ou senti lui a produit une impression agréable ou non.

Le sens du toucher ne paraît guère se développer qu'un ou deux jours après la naissance. Il fait suite à une insensibilité générale qui permet de piquer le nouveau-né jusqu'au sang ou de lui effleurer la cornée de l'œil sans donner lieu, de sa part, à aucune manifestation de douleur ou au moindre mouvement nerveux.

Quant au sens de l'ouïe, il est bien connu que, au début, tous les nouveaux-nés sont sourds. Cette particularité est due à ce que l'orifice extérieur de l'oreille n'est pas encore ouvert. Ce n'est que deux ou trois jours plus tard, quelquefois un peu avant, qu'un bruit le fait tressaillir ou fermer les paupières.

Ces tressaillements au son d'un bruit ou cette fermeture des paupières à l'approche de la main ou d'un objet quelconque n'ont rien de raisonné. Ce sont des mouvements purement instinctifs, c'est-à-dire provenant de l'hérédité, auxquels le cerveau et la volonté sont complètement étrangers; ils sont, absolument comme la fuite d'un animal nouveau-né, à l'état sauvage, qui, ne connaissant encore rien du danger, fuit à l'approche de l'homme ou de tout autre animal, le produit d'une action réflexe du nerf optique, auditif, et autres nerfs sensibles sur les nerfs moteurs.

Instinctifs ou non raisonnés sont encore les mouvements rythmiques des lèvres que l'enfant fait pour téter, ceux qu'il fait pour saisir un objet, le porter à la bouche et le sucer. Instinctifs encore sont les cris qu'il pousse quand il a faim ou souffre. Tous ces actes sont inconscients et le cerveau n'y prend pas la moindre part. Longtemps encore après sa naissance, le nouveau-né se conduit absolument comme un jeune mammifère. Ses débuts dans la vie, comme pendant la période embryonnaire, sont identiques à ceux de ces animaux. Sa supériorité intellectuelle ne se manifeste que plus tard.

Ce n'est qu'après le quatrième mois que le nouveau-né commence à se rendre compte des objets qui l'entourent, à établir une différence entre eux et lui, à avoir conscience de son individualité, à différencier son moi du monde extérieur. C'est le commencement de sa vie intellectuelle, le premier indice de la participation du cerveau à ses actes, la première manifestation de sa volonté.

Bien que l'espace nous manque pour suivre plus longtemps cette étude si intéressante sur les manifestations graduelles et progressives de l'intelligence chez le nouveau-né, nous ne pouvons cependant pas passer sous silence un des plus puissants facteurs qui contribueront à former sa raison en lui faisant faire de véritables pas de géant dans la voie du progrès. Nous avons nommé le langage articulé.

Comme les sens, comme le corps tout entier du reste, le langage chez le nouveau-né évolue fort lentement et un certain espace de temps est nécessaire à son développement.

Une de nos prédispositions, de nos aptitudes, de nos capacités héréditaires est celle de l'imitation. Bien avant que l'enfant ne soit en état de comprendre les mots inarticulés qu'il prononce, il imite inconsciemment et d'abord maladroitement, comme le ferait un perroquet qui s'essaie, tous les sons qu'il entend sans y attacher aucune signification.

Le peu de développement de son larynx joint à la difficulté bien naturelle qu'il éprouve à se servir d'organes dont il fait usage pour la première fois, ne lui permettent d'abord que la prononciation de voyelles, surtout A et E; ce n'est qu'à la septième semaine que l'on distingue la prononciation de la première consonne, l'M, puis plus tard celle du P. Faisant suite et bien après vient la prononciation du B, du D, de l'N, de l'R, du T, etc.

L'enfant qui d'abord n'attachait aucune signification aux mots qu'il prononçait finit par leur donner un sens. C'est le commencement de l'application de son intelligence au langage. Ainsi maman et papa servent à signifier une foule de choses. Ensuite vient une série de mots appartenant à l'onomatopée. Cependant, à l'âge d'un an, malgré tous ces progrès, la compréhension du langage de la nourrice par l'enfant n'est pas, dans la plupart des cas, supérieure à celle d'un chien d'arrêt bien dressé pour le langage de son maître.

Au fur à mesure que son intelligence (cerveau) se développe et qu'il s'habitue à faire servir sa gorge, sa langue et ses lèvres à la production de sons articulés, l'enfant, avec son talent héréditaire d'imitation, reproduit tant bien que mal les mots qui sont prononcés devant lui, y attache un sens multiple et s'en sert pour ses besoins. Un substantif, un infinitif lui sert à exprimer des idées et des désirs ayant un rapport quelconque,souvent très indirect, avec ce substantif et cet infinitif. Quant à la faculté de lier les mots, d'établir des rapports entre eux, elle appartient, on le comprendra facilement, aux dernières phases de l'évolution.

Un fait remarquable, c'est que les premières questions d'un enfant se rapportent toujours au lieu où il se trouve ; plus tard elles se rapportent au temps et enfin aux causes. Ce dernier stade dans le développement de ses facultés intellectuelles indique le haut degré d'intelligence qu'elles ont atteint.

Ce n'est pas le langage articulé qui a donné à l'homme l'intelligence puisqu'elle existe, à un degré moindre il est vrai, chez tous les animaux ; mais c'est lui qui avec l'écriture a contribué à la développer prodigieusement en permettant à l'homme de communiquer *exactement* à ses semblables, verbalement ou par écrit, le résultat de son expérience personnelle. C'est sous le triple empire de sa propre expérience, de ce qui lui a été dit et de ce qu'il a lu que l'homme civilisé à constitué tout son bagage intellectuel. Tout ce qu'il sait remonte à ces trois sources et a pénétré par les sens, puis a été communiqué au cerveau par les nerfs afférents. C'est donc aux fonctions de ces nerfs que, en dernière analyse, nous devons toutes nos connaissances.

En effet, sans les nerfs optique, auditif, olfactif, etc... nous n'aurions jamais eu la moindre idée de ce que c'est qu'une couleur, un son, une odeur, etc... puisqu'en coupant ces nerfs nos yeux ne voient point, nos oreilles n'entendent point, notre nez ne sent point. Que sait l'aveugle de naissance de la nature des couleurs et le sourd de naissance de la nature des sons? Rien au monde ne pourra jamais faire comprendre à l'aveugle ce que l'on entend par couleur et au sourd ce que l'on entend par son.

De la perfection de nos sens dépend la justesse de nos sensations, et de la perfection de notre cerveau dépend la justesse de notre jugement. Si nos sens ne nous transmettent pas des impressions fidèles des objets extérieurs, nos idées, relativement à ces objets, seront erronées et notre jugement faussé. Si, au contraire, nos sens sont bien développés et que ce soit notre cerveau qui ne le soit pas suffisamment (ce qui est le cas chez les animaux), alors nous serons incapables de penser juste et de tirer des conclusions logiques des faits qui parviennent à notre connaissance. Nous manquerons de jugement en un mot.

Si nous nous sommes étendus quelque peu sur le développement graduel du cerveau et sur ses fontions, si nous avons tenu à bien établir qu'en naissant nous ne savons rien, que nous avons tout à apprendre, c'est parce que l'assertion contraire est un des thèmes favoris, un cheval de bataille de ces colporteurs d'idées toutes faites, vrais perroquets humains, qui répètent ce qu'ils entendent sans réfléchir un seul instant aux erreurs qu'ils propagent. Tout esprit sain et sans préjugés qui consacre à la question seulement une minute de réflexion se convainc immédiatement que « idées innées et absurdité » sont deux synonymes. Le cerveau de l'enfant évolue et se développe absolument comme son langage, comme son corps tout entier. Tout ce qu'il sait plus tard il le doit à son expérience personnelle, à ce qui lui a été dit et à ce qu'il a lu. Tout a pénétré par ses sens, et son cerveau, le laboratoire de ses impressions, en a formé des idées plus ou moins justes suivant son degré de développement (composition chimique).

Si nous comparons le développement des facultés intellectuelles chez l'enfant nouveau-né avec le développement de ces mêmes facultés chez un mammifère qui vient de naître, nous sommes frappés de leurs points de contact, de leur similitude. De même que les débuts de leur évolution embryonnaire ont été de tous points semblables, semblable également est le point de départ de leurs facultés intellectuelles en naissant, et longtemps encore après sa naissance le petit être humain n'est, comme nous avons dit, sous aucun rapport, supérieur à la brute. Ce n'est que plus tard, au fur et à mesure que le germe évolue, que la différence s'établit et que les divergences s'accroissent. Alors l'homme appellera ses propres facultés intellectuelles « intelligence » et à celles des bêtes il donnera le nom « d'instinct. » Heureusement que cette distinction toute superficielle que l'homme fait ne change rien à la chose, et que malgré cela les bêtes n'en continuent pas moins à nous montrer combien, sous beaucoup de rapports, elles sont supérieures à nos frères les sauvages.

On a souvent dit que l'instinct se distinguait de l'intelligence en ce qu'il n'était susceptible d'aucun perfectionnement. Si cela est, comment alors expliquons-nous le dressage de certains animaux, chiens, chevaux, éléphants, etc. ? Comment expliquons-nous le fait qu'il est incomparablement plus difficile de prendre un vieux renard, par exemple, que d'en prendre un jeune? Ces faits n'ont qu'une explication possible: c'est que l'enseignement a perfectionné l'intelligence de ces chiens, de ces chevaux et de ces éléphants, et que l'expérience (perfectionnement de l'intelligence) a démontré au renard qu'il avait tout à craindre de l'homme.

Oui, absolument comme nous, les bêtes éprouvent des sensations, les coordonnent, les comparent et prennent telles résolutions que leur dicte leur pauvre cerveau.

Donc, entre l'intelligence de l'homme et l'instinct des animaux, qui n'est après tout qu'un degré inférieur d'intelligence, la différence n'est aucunement absolue, elle n'est que qualitative ; et si nous descendons les échelons de l'échelle humaine jusqu'au point où ils rencontrent les degrés supérieurs de l'échelle animale, alors nous voyons cette différence toute relative graduellement diminuer et finir par disparaître.

D'après les preuves si nombreuses que viennent de nous fournir l'embryologie comparée, la paléontologie et l'anatomie comparée sur la descendance de l'homme d'une forme animale, preuves solides s'il en fût jamais, exclusivement basées sur des faits, nous ne croyons pas possible qu'il soit encore permis de douter de notre modeste origine ; et, loin de voir dans notre basse extraction une cause de honte, nous devons au contraire y trouver une cause de fierté et nous dire qu'après tout, il est mille fois préférable de descendre de parents aveugles et de voir clair, que d'être nés de parents qui voyaient clair et d'être aveugle.

Avant de clore ce chapitre, il importe

de récapituler les conséquences qui se dégagent des faits que nous avons relatés jusqu'ici. Ces conséquences sont les suivantes :

1° Que la Matière (chap. I) est indestructible et que par conséquent elle n'a pu être créée.

2° Que toutes les forces de la nature ont, en dernière analyse, pour source commune l'Attraction.

3° Que les Plantes et les Animaux (chap. II), c'est-à-dire tous les phénomènes biologiques, ne sont que des manifestations, des formes spéciales de la Force moléculaire (Attraction.)

4° Que l'Homme (chap. III) est un animal appartenant à la classe des mammifères placentaliens et un descendant indirect du rameau des singes catarrhinins du vieux monde.

V

CONCLUSION

Le mouvement est la loi de l'Univers. Le repos absolu est inconnu à la nature.

La nature c'est ce que nous voyons, ce qui nous entoure, ce qui existe : c'est la matière.

En dehors de la matière nous ne connaissons rien. En dehors de la matière c'est le domaine de la philosophie spéculative, c'est-à-dire de l'imagination, du caprice, de l'absurde.

Chacun ici peut se confectionner à sa guise un système de philosophie approprié à ses goûts, à ses préférences, à son tempérament. Chacun peut se gorger d'espérances et d'illusions, se faire soi-même une philosophie propre ou embrasser le système philosophique qui semble lui promettre plus de beurre que de pain : c'est son droit. Mais la science n'a rien à voir dans la spéculation ; elle ne s'occupe que des faits et en tire des conséquences d'après la méthode inductive, laquelle consiste à bâtir sur le granit ; elle laisse qui veut bâtir sur le sable.

En dehors de la matière, donc, nous ne connaissons rien et ne pourrons jamais rien connaître, puisque nous sommes dominés et entourés par elle de toutes parts et que, même par la pensée, nous sommes incapables de sortir du monde matériel et de nous représenter une chose immatérielle sans lui donner une forme ([illegible]) quelconque.

La Force, comme nous avons vu, est une propriété inhérente à la Matière. La Force sans la Matière n'est pas plus concevable que la Matière sans la Force. L'une sans l'autre sont des abstractions vides de sens commun.

La force qui régit les mondes, et qui est naturellement dérivée de leur matérialité, s'appelle Attraction ; la répulsion n'est qu'un degré moindre d'attraction.

Toutes les forces, quelles qu'elles soient, sont des formes spéciales de l'attraction.

C'est en vertu de l'attraction que les satellites tournent autour des planètes, les planètes et les comètes autour des soleils (étoiles) et les soleils autour d'autres soleils.

C'est la force qui unit entre elles les parties constituantes des corps solides liquides ou gazeux. C'est elle qui a formé le règne minéral; c'est encore elle qui a formé le règne végétal et animal. Sans l'attraction moléculaire la formation des organismes primordiaux n'était pas plus possible que celle des minéraux.

Bien que l'on trouve imprimé dans tous les traités de zoologie et que l'on ait coutume de dire que les minéraux croissent par juxtaposition et les plantes ainsi que les animaux croissent par intussusception, c'est là une distinction inexacte dont le bien fondé n'est qu'apparent; car l'intussusception, au fond, n'est qu'un mode de juxtaposition au moyen de l'endosmose.

D'abord ce n'est que par juxtaposition que les organismes primordiaux (corps albuminoïdes), de même que les minéraux, de même que tout ce qui existe, ont pu se former, car l'attraction moléculaire ne fait que juxtaposer ou grouper les atomes entre eux selon leur degré d'affinité chimique, et seulement par juxtaposition organismes aussi bien que minéraux pouvaient se former. Une fois ces organismes formés (protistes), nous voyons la juxtaposition s'effectuer, non pas *directement* comme chez les minéraux, mais *indirectement* au moyen de l'endosmose, c'est-à-dire que les matières avec lesquelles ces protistes sont en contact, au lieu de se juxtaposer à la surface de leur corps, pénètrent par endosmose dans l'intérieur de celui-ci pour y être déposées (juxtaposées).

Chez les organismes plus élevés dans l'échelle animale, nous voyons les matières nutritives, une fois parvenues dans la cavité digestive, passer par endosmose dans le torrent circulatoire (circulation) pour être ensuite déposées dans les tissus et servir soit à augmenter leur volume soit à réparer leurs pertes.

L'intussusception n'est donc, quant au fond, qu'un mode de juxtaposition. Tandis que chez les minéraux celle-ci se fait directement, chez les plantes et les animaux elle s'opère indirectement au moyen de l'endosmose.

Or endosmose et juxtaposition ne sont autre chose que des modes ou, si l'on veut, des formes de l'attraction moléculaire ou affinité chimique à laquelle nous devons la formation des minéraux, des végétaux et des animaux.

L'attraction moléculaire ou affinité chimique, n'est, à son tour, qu'une forme particulière de l'attraction.

C'est donc à celle-ci que, en dernière analyse, nous devons la vie, c'est-à-dire notre composition chimique ou groupement moléculaire; de même que c'est à elle encore que nous devrons la mort, c'est-à-dire la désagrégation ou dissociation des éléments qui forment notre corps et qu'elle regroupe sans cesse.

A notre mort les matières que nous

avons prises sous forme de nourriture aux règnes minéral, végétal et animal retourneront dans le règne minéral pour faire partie du sol, de l'eau et de l'air. Là ce qui était nos chairs et nos os, ce qui constituait ce magnifique animal appelé homme, ce grand forgeur d'espérances, d'illusions, de chimères, reprendra sa place, comme la brute, dans le règne minéral sous forme de carbone, d'hydrogène, d'oxygène et d'azote, de soufre et de phosphore, de calcium, de sodium, de potassium, de chlore, de fluor, de fer et de magnésie.

Ces éléments formeront désormais partie de la terre, de l'eau et de l'air jusqu'à ce qu'ils soient de nouveau absorbés par les plantes dont les racines pomperont les corps solides dissous par les eaux, tandis que les corps gazeux seront aspirés par leurs feuilles sous l'influence des rayons du soleil.

Ces plantes deviendront la proie des animaux herbivores, ceux-ci à leur tour deviendront celle des carnivores. L'homme qui est omnivore, c'est-à-dire qui mange de tout et qui est par conséquent herbivore et carnivore à la fois, rend à la nature en mourant, ainsi que les plantes et les animaux, tout ce qu'il lui a pris pendant sa vie. Il ne se doute guère que dans le pain, les légumes, la viande, les fruits qu'il mange, le liquide qu'il boit et même l'air qu'il respire, il absorbe sans cesse des particules de matière qui peut-être ont servi à former le corps de ses ancêtres.

S'il était permis de cultiver sur des cimetières, on pourrait même, dans un espace de temps fort court, nous présenter les chairs et les os de nos père, mère, frères, sœurs, femme, enfants et autres parents défunts, sous forme de pain et de légumes ! C'est horrible, mais vrai.

Cette lente et incessante combustion ou oxydation de nos tissus ainsi que leur constante réparation par l'alimentation sont les deux phénomènes sur lesquelles reposent la vie, laquelle, par conséquent, n'est autre chose qu'une longue série de changements moléculaires dans l'intérieur de notre organisme.

L'oxygène de l'air que nous respirons qui, en brûlant nos tissus, nous force à réparer les pertes que, de ce chef, ils subissent sans cesse, crée en nous ces sensations connues sous le nom de faim et de soif.

Même en présence de la mort, l'oxygène ne désarme pas et continue sur le cadavre son œuvre destructive d'oxydation jusqu'à ce que celui-ci soit réduit en fine poussière et en imperceptibles gaz. Ces gaz font alors partie de l'atmosphère et cette fine poussière constitue la terre végétale (humus). De cette terre végétale et de cet atmosphère les plantes tirent leur nourriture et deviennent elles-mêmes la proie du règne animal qui, sans elles, ne pourrait subsister.

Les végétaux sont les grands fabricants de la nature[1] : ils fabriquent ce que les animaux consomment, et ceux-ci, rendent, en mourant, à la terre, à l'eau et à l'air, c'est-à-dire au règne minéral, les

[1] Moleschott, Physiologie des Stoffwechsels in Pflanzen und Thieren.

éléments dont ils étaient formés. Ces éléments passent à leur tour dans le règne végétal puis dans le règne animal de nouveau.

Voilà le cercle dans lequel nous tournons. Les éléments qui ont servi à former l'un servent, à sa mort, à former l'autre. Dans la nature la mort et la vie se donnent partout la main et se complètent l'une l'autre. Toutes les deux sont le produit des transformations incessantes de la matière, dont les particules (atomes) sans cesse en mouvement forment tour à tour la terre, l'eau, l'air, les plantes et les animaux. La nature peut être comparée à un immense organisme dont toutes les parties sont solidaires les unes des autres et dont tous les actes sont des phénomènes chimico-physiques pouvant être représentés par des équivalents, des nombres et des poids.

Tout se meut dans l'univers ; le mouvement est la loi universelle à laquelle tout obéit depuis les étoiles ou soleils jusqu'aux plus petites particules de la matière.

Tous les corps s'attirent et par cela même se combinent entre eux suivant leurs degrés d'affinité chimique.

Ce sont leurs combinaisons infinies qui métamorphosent les continents en mers et les mers en continents, les montagnes en vallées, et les vallées en montagnes, la terre, l'eau et l'air en végétal, en animal, puis en terre, eau et air de nouveau.

Peu importe qu'un atome de phosphore se trouve dans une roche (phosphate de fer, de plomb, de magnésie etc.),dans une plante (seigle, orge, haricots, pommes de terre, chataignes, cerises, ananas etc.), dans un œuf, dans notre sang, dans notre chair, dans nos os ou dans notre cerveau (phosphate de chaux); qu'un atome de soufre figure dans la composition du sol (sulfure de fer, de cuivre, de plomb, de mercure etc.) ou fasse partie d'un grain de blé, de seigle, d'un chou-fleur, d'une figue (acide sulfurique), d'un cartilage (sulfate de soude) ou de notre sang (albumine)! Qu'importe qu'un atome de chlore soit enfoui dans une mine (chlorure de plomb, d'argent) ou bien dans l'eau de la mer ou circule dans notre sang (chlorure de sodium) ou qu'il se trouve dans une asperge, une lentille, un pois, un grain de blé, de café etc., ou bien encore qu'il entre dans la composition de notre squelette (chlorure de calcium); qu'importe que des atomes de sodium, de potassium, de calcium, de magnésium se trouvent dans le sein de la terre alliés au chlore (chlorure de sodium, de potassium, de calcium, de magnésium), au carbone (carbonate de soude, de potasse, de chaux, de magnésie), au soufre (sulfate de soude, de potasse, de chaux, de magnésie etc.), ou bien que cet atome de sodium se trouve dans une orange, une noix, une pomme, que cet atome de potassium soit dans un haricot, un pois, une cerise, un gland, une pomme de terre, un grain de raisin, que cet atome de calcium se trouve dans un grain de seigle, de blé, dans une figue, une noix, que cet atome de magnésium figure dans un grain d'orge, une lentille, une cerise, ou bien que tous ces atomes de sodium, de potassium, de calcium et de magnésium ainsi que ceux de fluor, de fer combinés avec l'oxygène, le phosphore, le carbone, le soufre et le chlore fassent partie de nos os, de notre chair et de notre sang sous forme de phosphates, de carbonates, de sulfates, de chlorures, de florures et d'oxydes !

Peu importe que ces atomes soient combinés avec ceci ou avec cela pour former ceci ou cela ! Peu importe qu'ils entrent dans la composition d'une roche, d'une plante, d'un animal ou d'un homme! Ils n'en restent pas moins inaltérables et indestructibles et, à la destruction de la roche, de la plante, de l'animal ou de l'homme, sortant de cette combinaison pour passer dans une autre avec les mêmes propriétés et le même poids qu'ils possédaient avant d'en faire partie.

Ainsi change continuellement la face du globe. Ainsi naissent, croissent et disparaissent pour naître, croître et disparaître de nouveau les continents, les mers, les plantes, les animaux et les hommes. Mais la matière qui les compose, elle, est indestructible, éternelle, sans fin et sans commencement. Elle n'a pu avoir de créateur par la simple raison qu'elle a toujours existé.

Arrière donc la légende hébraïque, la théologie et la métaphysique! Elles appartiennent au passé et ont bien fait leur temps. Si tout dans la nature meurt aujourd'hui pour renaître demain, nous espérons bien que la théologie et la métaphysique sont mortes pour ne ressusciter jamais.

Arrière aussi les esprits timides, craintifs, puérils, les cœurs pusillanimes et lâches qui pour supporter les tribulations de la vie ont besoin de se nourrir d'illusions et d'espérances, de croire aux fables les plus monstrueusement stupides d'un peuple sémitique ignorant et superstitieux!

Arrière ceux dont les bonnes actions ont besoin d'être stimulées par des promesses chimériques de récompenses dans une vie impossible et dont les mauvaises actions n'ont pour frein que la crainte d'une damnation éternelle qui, si elle était vraie, serait souverainement injuste!

Arrière toutes ces fables, ces inepties,

ces fallacieuses promesses, ces stimulants égoïstes !

Avons-nous donc besoin, pour faire le bien, d'autre stimulant que le bonheur que nous éprouvons à le faire? Le bonheur que nous ressentons en soulageant notre semblable qui souffre n'est-il pas une récompense qui laisse bien loin derrière elle toutes les joies ineffables goûtées par les élus du paradis?

En quoi consistent ces joies éprouvées par les élus? Sur ce point chaque religion est d'une opinion différente.

Tandis que pour les chrétiens ces joies sont purement spirituelles et consistent à contempler, louer et adorer Dieu, les mahométans, eux, sont persuadés qu'elles sont sensuelles, et les Indiens nord-américains sont intimement convaincus qu'elles consistent à chasser dans un pays giboyeux.

Chaque peuple se crée un Dieu à son image, un paradis à sa façon et un diable qui diffère de lui-même autant que possible : témoin les blancs qui peignent le diable noir et les noirs qui le peignent blanc. Qui sait! il est peut-être mulâtre?

Le comique dans tout ceci, c'est que chaque religion prétend être la seule bonne, la seule vraie, la seule authentique, la seule brevetée par Dieu et en dehors de laquelle il n'est pas de salut. Mais, pour en revenir au paradis chrétien, le seul dont nous ayons à nous occuper ici, nous avouerons que nous n'avons jamais bien compris comment pouvait se trouver heureux dans le ciel, et avoir le cœur et l'impudence de chanter à pleins poumons des louanges en l'honneur de la miséricorde divine, celui dont le père, la mère, la femme ou tout autre personne qui lui était chère est, précisément au moment où il s'égosille de la sorte, peut-être en train de griller dans ce feu éternel (Saint Matthieu chap. XXV vers. 41, Saint Marc chap. IX, vers 43 à 50) que Saint Jean l'épileptique, auteur des Révélations, dit être du soufre en fusion (Révélations chap. XX, vers. 10).

Il y a là un problème intéressant à résoudre, auprès duquel celui de la quadrature du cercle n'est qu'un jeu d'enfants.

Mais laissons de côté ce système enfantin de récompenses et de punitions, ce système genre croquemitaine d'importation juive qui fait appel au plus bas instincts de notre nature, à notre égoïsme, en nous rappelant sans cesse notre intérêt personnel et en nous criant constamment de nous sauver nous-mêmes, et revenons à la réalité.

Qu'observons-nous dans la nature?

Nous observons que quiconque transgresse ses lois est infailliblement puni par elle; que chaque fois que nous nous écartons des sentiers qu'elle nous a tracés nous en subissons toujours, tôt ou tard, les conséquences.

De ce principe, fruit de notre expérience journalière, nous devons conclure que pour être heureux nous devons vivre en conformité avec les lois de la nature.

Or, vivre en conformité avec les lois de la nature c'est vivre en conformité avec les lois de la morale, car celles-ci ne reconnaissent pour base que celles-là.

Tout acte est moral qui est profitable à l'espèce, qui contribue au bien-être de la majorité, qui assure la plus grande somme de bonheur au plus grand nombre des membres de la communauté. Tout acte, au contraire, est immoral qui est préjudiciable à la société, dont la pratique entraînerait le plus grand nombre de maux, qui serait, en un mot, fatal à l'espèce.

Or, agir suivant les lois de la nature et, par conséquent, de la morale c'est être vertueux, et l'expérience nous démontre que seule la pratique de la vertu, c'est-à-dire du bien, est capable de nous procurer le maximum de bonheur en ne nous attirant que le minimum de peine. Ce qui revient à dire que la vertu est le chemin de la félicité.

Il en serait toujours régulièrement ainsi et le résultat serait d'une exactitude mathématique si, malheureusement, il n'arrivait pas que ce ne sont pas toujours ceux qui cassent les verres qui soient seuls à les payer. Cela est souverainement injuste mais n'est, hélas ! que trop vrai. C'est le principe qui semble prévaloir dans la nature tout entière où, comme on sait, les petits poissons sont mangés par les plus gros, et où les plus faibles tombent toujours sous les coups des plus forts.

Comme nous avons vu chap. IV, lorsque nous naissons, nous venons au monde avec un corps plus ou moins sain, une dose de bon sens plus ou moins forte. C'est là le legs que nous font nos parents. C'est d'eux que nous tenons la constitution, les qualités physiques et morales, le caractère, les aptitudes, les maladies, les vertus et les vices, c'est-à-dire la prédisposition au bien ou au mal. Nous sommes, en un mot, au physique et au moral ce qu'ils nous ont faits.

Nos parents, en nous transmettant l'essence même de la composition chimique de leur propre corps au moment de la procréation, nous ont communiqué en même temps (pas de matière sans force, pas de force sans matière !) le mouvement moléculaire particulier dont ils étaient eux-mêmes animés alors ; c'est-à-dire que la force physique et intellectuelle qui nous anime correspond exactement (telle matière, telle force) à la composition chimique (matière) à nous transmise par nos parents lorsqu'ils nous ont engendrés.

Tout le monde sait, par exemple, avec quelle persistance et quelle fidélité se transmettent des parents aux enfants, de génération en génération, les maladies du cerveau, des poumons, du foie, du cœur, du système nerveux, la syphilis, la scrofule, etc., etc. On comprendra facilement qu'aux personnes ainsi sérieusement affectées, si elles ne sont pas nées riches, la lutte pour l'existence ou plutôt pour la conservation de l'existence sera hérissée de difficultés bien autrement formidables que celles qu'auront à vaincre les individus sains, vigoureux et intelligents.

Tandis que, pour l'homme sain et robuste, tout travail manuel et intellectuel est à la fois un besoin et un plaisir, pour les malheureux dont il s'agit le moindre effort, physique ou moral, revêtira tous les caractères d'une tâche pénible et souvent impossible à accomplir.

C'est à cette classe d'êtres affaiblis, débilités, lamentables victimes des fautes de leurs ascendants, à ces déséquilibrés, aussi bien dépourvus de force physique que de vigueur intellectuelle, que nous devons le triste contingent toujours croissant des névropathes, des monomanes, des alcooliques et des fous qui, lorsqu'ils ne finissent pas leurs jours dans les maisons d'aliénés, vont sûrement grossir l'armée toujours plus nombreuse des voleurs et des assassins.

Tandis que nos hommes sains, vigoureux et robustes sont moissonnés sur les champs de bataille, ces invalides du corps et de l'esprit ont pleine liberté pour reproduire leur race maudite et perpétuer chez leurs malheureux descendants les vices du sang dont ils étaient eux-mêmes infectés.

Triste avenir que celui réservé à l'humanité! Il n'existe plus, hélas! de peuples du nord pour régénérer de nouveau le vieux sang indo-perso-gréco-romain qui coule dans nos veines. Ce n'est sûrement ni des Asiatiques, ni des Africains, eux-mêmes pourris, que nous devons attendre la régénération.

Tandis que le progrès matériel transforme la lutte pour l'existence en une lutte purement intellectuelle et que, par cela même, notre genre de vie s'éloignant chaque jour davantage des lois physiologiques devient de plus en plus artificiel, les denrées alimentaires, c'est-à-dire tout ce que nous mangeons et buvons, sont l'objet d'effroyables falsifications.

Personne n'ignore que dans notre pain on met du plâtre; dans notre lait de l'amidon; que notre vin est un composé d'eau, d'alcool, de fuchsine ou d'aniline; que tout enfin est sophistiqué, ce qui, avec le temps, ne manquera pas de produire une remarquable race.

Ajoutons à cela que les vices deviennent de plus en plus nombreux et par là même les besoins plus grands, que la concurrence devient plus forte, le travail plus rare, la lutte pour la vie de plus en plus âpre et difficile.

S'adapter ou périr! telle est la question.

Mais, la gangrène sociale est déjà partout, la décadence physique et morale est à son apogée. Où cela nous conduira-t-il?

La décomposition ne peut avoir qu'une

issue : l'extinction ; et, dans cette direction, nous marchons à grands pas. Y arriver n'est qu'une affaire de temps.

Tout vice du sang entraîne fatalement avec soi des lésions organiques, et tout criminel est une victime d'un trouble cérébral, un cerveau maladif dont l'état moral appartient au domaine de la pathologie. Lorsque la folie, chez lui, est nettement caractérisée il est déclaré irresponsable de ses actes ; mais, tant qu'elle n'atteint pas le point culminant où, visible pour tous, elle est évidente même aux yeux du plus profane, il est alors condamné comme responsable.

Cependant, que de nuances intermédiaires infinies entre la folie nettement caractérisée et l'état mental d'un simple imbécile ! La différence dans les deux cas, si énorme à première vue, ne consiste cependant que dans le nombre et la gravité des lésions cérébrales de chacun d'eux.

Mens sana in corpore sano! Il ne peut en effet y avoir un esprit sain dans un corps malade. Toute maladie du corps a son contre-coup dans un affaiblissement de l'esprit. Tout ce qui affecte le premier affecte le second, et réciproquement. Vouloir rendre l'esprit indépendant du corps, c'est vouloir rendre la force indépendante de la matière.

La bonne qualité (composition chimique) du cerveau qui, ne l'oublions pas, est l'organe de la pensée, est aussi indispensable pour penser juste que la bonne qualité des appareils optique, auditif et olfactif pour bien voir, bien entendre et bien sentir. De la qualité, c'est-à-dire de la composition chimique de nos organes, en dépend la forme, c'est-à-dire la conformation. De leur qualité et de leur conformation dépend la valeur physiologique de leurs fonctions.

Telle matière, telle force. De la nature de la matière dépend la nature de la force. La physique n'est que l'expression de la chimie.

Or chacun sait que c'est du bon fonctionnement de nos organes que dépend notre bien le plus cher, la santé; ce que chacun sait moins c'est que de la qualité de notre cerveau dépend la valeur des conceptions qu'il enfante, l'exactitude des jugements qu'il émet, le succès des entreprises qu'il conçoit. De sa qualité dépend, en un mot, la dose de bon sens que chacun de nous possède. Qu'est-ce que le bon sens?

Le bon sens est le créateur de toutes les sciences humaines, c'est la qualité maîtresse de l'esprit, le roi des facultés intellectuelles. Là où il fait défaut il n'est point de remède ; rien au monde ne peut y suppléer. Le bon sens, c'est l'esprit naturel que nous apportons en naissant; c'est le germe que l'instruction développe mais est impuissante à donner ; c'est l'âme de la logique ; c'est le fondateur de toutes les sciences expérimentales, c'est-à-dire de toutes les sciences, puisque, en dehors des sciences expérimentales, il n'en existe aucune digne de ce nom.

Du degré de bon sens que nous possédons dépendra la sagesse des décisions que nous prendrons dans le courant de notre vie, et de la sagesse de ces décisions dépendra le bonheur ou le malheur de notre existence.

De nos parents ou, pour parler plus exactement, de nos ascendants nous héritons donc et la constitution physique et les qualités morales. S'ils ont été vertueux, ils nous légueront un esprit sain dans un corps robuste; s'ils ne l'ont pas été, c'est nous qui subirons les conséquences de leurs abus, de leurs imprudences et de leurs vices. Dans le premier cas, possédant la santé et le jugement, nous serons admirablement outillés pour être heureux dans la vie; dans le second, nous serons condamnés à la maladie, à la souffrance, au déséquilibre de nos facultés mentales. De là un manque de jugement, de bon sens, de logique qui fera échouer toutes nos entreprises, avorter nos plus ardents projets et réduira à néant nos plus chères espérances. Fatales erreurs de calcul dont l'addition constitue ce que nous appelons notre malheur.

Le bonheur ou le malheur, ces deux mots qui expriment chacun un état différent dans lequel nous nous trouvons, sont, comme on sait, des termes purement relatifs et nullement absolus. Ce n'est que par comparaison que l'on se trouve heureux ou malheureux. La définition de l'un ou de l'autre état échappe à toute description, à toute formule générale. Chacun ici selon son tempérament, ses prédispositions, ses habitudes (vertus ou vices, héréditaires ou acquis) se trouve heureux ou malheureux à sa façon.

Ici, comme partout ailleurs, l'étude de la nature, l'observation des faits, l'expérience de la vie nous apprend, comme nous l'avons déjà dit plus haut, que la vertu, c'est à-dire la pratique du bien, est la seule voie qui puisse nous conduire au bonheur, c'est-à-dire qui puisse nous procurer la plus grande somme de bien-être en nous mettant à l'abri du plus grand nombre de maux possible ; tandis que le vice ou la pratique du mal aura sûrement dans ses conséquences des résultats diamétralement opposés : d'où notre malheur.

Si nous observons l'homme vertueux, nous verrons que c'est toujours un homme au jugement sain, aux idées rationnelles, aux goûts simples, aux désirs modestes. Il a pour signe caractéristique celui de savoir se contenter de peu et de faire consister sa fortune non pas dans le grand nombre de ses richesses mais dans le petit nombre de ses besoins. Sa caractéristique est de se trouver heureux.

L'homme vicieux, au contraire, est un produit malsain, un cerveau maladif, au jugement faussé, aux goûts extravagants, à l'orgueil immense, aux désirs insatiables. La caractéristique de celui-ci, c'est que partout où il se trouve il se croit profondément malheureux. Affaire de constitution, de lésions cérébrales plus ou moins graves.

Tandis que l'homme vicieux perpétuera chez ses descendants les vices du sang, origine de toute lésion organique héréditaire, et contribuera ainsi à la formation de la classe des incompris et des malfaiteurs qui volent et assassinent parce qu'il leur manque la force physique ou le sens moral pour gagner honnêtement leur vie, l'homme vertueux, au contraire, tout en assurant le bonheur à lui-même, procréera, s'il prend pour compagne une femme saine et intelligente, des enfants robustes, courageux, énergiques, intellectuellement bien équilibrés, armés, en un mot, de pied en cap dans la lutte pour l'existence qui, chez nous, nations civilisées, est une lutte purement intellectuelle.

De la pratique de la vertu le bonheur a toujours été et sera toujours la plus sûre récompense. Heureux et vertueux sont deux synonymes. La vertu enfante aussi sûrement le bonheur que le vice le malheur. Voilà ce que nous voyons dans la vie ; voilà ce que nous observons.

Mais, dira-t-on, si pour être heureux il faut pratiquer la vertu, c'est-à-dire le bien, et éviter le mal, quel est le critérium du bien et du mal et à quoi reconnaît-on celui-là de celui-ci ?

Heureusement pour l'humanité que la distinction est d'une facilité extrême et à la portée de l'esprit le plus obtus.

Bien est tout ce que nous voudrions qu'il fût fait à nous-mêmes ; *Mal* tout ce que nous désirons qu'il ne nous soit pas fait.

De gros traités in-quarto ont été écrits sur la morale. Ses règles sont cependant si simples qu'elles auraient pu contenir dans les deux lignes suivantes qui résument à elles seules toutes les vertus et définissent admirablement tous nos devoirs : *Ne fais pas* à autrui ce que tu ne voudrais pas que l'on te fît à toi-même, et *fais* à autrui ce que tu voudrais que l'on te fît à toi.

Si nous avons fait cela, c'est-à-dire si nous n'avons eu pour culte que celui de nos semblables (ce qui assurément vaut bien celui d'un Dieu impossible), et si nous n'avons eu pour but que celui de les rendre heureux en les rendant meilleurs (ce qui à notre avis est beaucoup moins égoïste et infiniment plus noble que l'idiote et stupide envie de vouloir nous assurer un petit siège en paradis), si nous avons fait cela, disons-nous, alors nous aurons éprouvé des sensations intimes de bonheur qui laissent bien loin derrière elles toutes les mensongères joies paradisiaques.

Si nous avons fait cela, nous pourrons

alors, souriants et tranquilles, avec le calme que donne la conscience d'une vie utile et bien remplie, attendre sereinement le moment de restituer à la terre, à l'eau et à l'air les particules (atomes) de matière dont le groupement forme notre corps et dont la force constitue notre esprit.

FIN

TABLE DES MATIÈRES

FIN DE LA TABLE

Imprimerie DESTENAY, Saint-Amand (Cher).

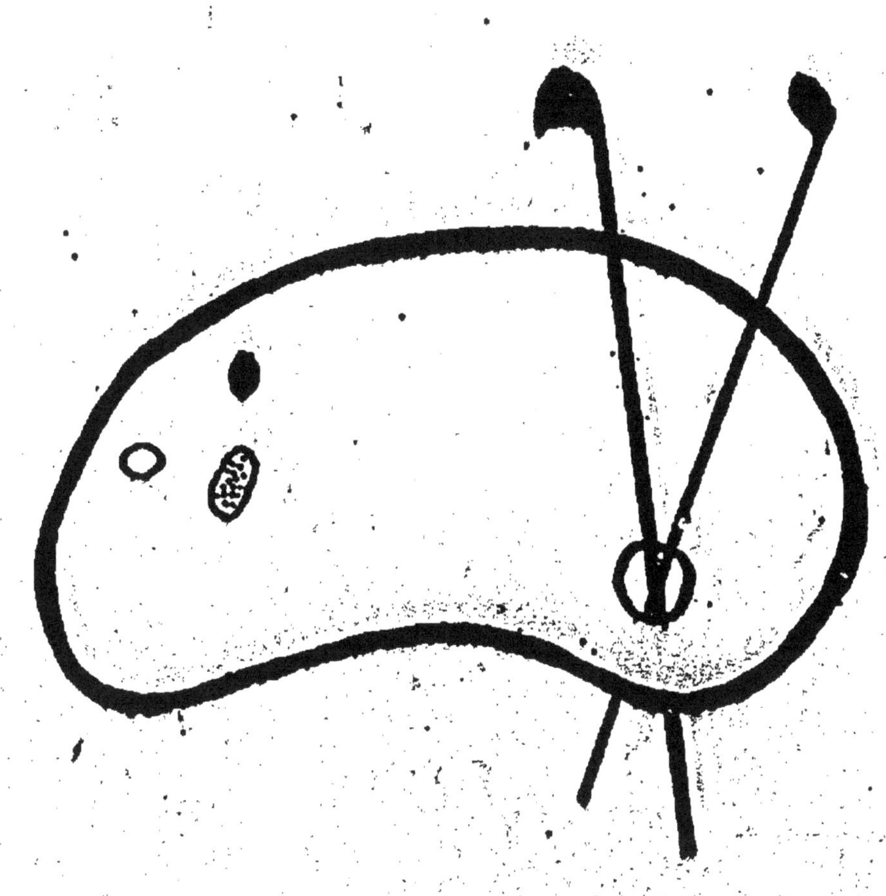

www.ingramcontent.com/pod-product-compliance
Ingram Content Group UK Ltd.
Pitfield, Milton Keynes, MK11 3LW, UK
UKHW012028240726
13965UKWH00002B/632

9 782013 561983